漫畫圖解 不懂帶人，你就自己做到死！

行為科學教你把身邊的腦殘變幹才

石田淳◆著　賴郁婷◆譯

マンガでよくわかる
教える技術

主要登場人物

神吉 凜

休閒服飾品牌「Naturel」
宇留川分店的店長。
個性太過正直老實，不知變通。
另一方面也很粗心，做事慢吞吞，沒有效率。

近藤 悠人

凜在慢跑時認識的好朋友，
被凜尊稱為「大師」。
興趣是馬拉松和鐵人三項。

糸數 和彩

「Naturel」區域經理。
個性好辯，擅長數據分析。

乙葉 成雪

「Naturel」宇留川店
具轉職經驗的員工。
熱愛搖滾樂，自己也組了一個搖滾樂團。

小森 茉莉

「Naturel」宇留川店的新進工讀生。
個性討人喜歡，
但工作上經常犯錯，抗壓性低。

艾爾皮爾 ・ 巴皮雍

「Naturel」宇留川店的工讀生。
外籍留學生，個性樂觀，卻不夠積極。

＊漫畫劇情純屬虛構

前言
任何人都能學會「教的技術」！

拙作《不懂帶人，你就自己做到死！》獲得許多為了培育下屬或晚輩而深感困擾的讀者之熱烈迴響，而本書則是該書的漫畫圖解版。

漫畫裡的主角是任職於休閒服飾品牌「Naturel」的神吉凜，自從擔任店長以來，她每天都為了辦事不力的下屬，以及店裡持續低迷不振的業績而感到煩惱。後來，她在偶然的機會下，接觸到「教的技術」，就在她將這套方法應用在店裡實踐之後，下屬的工作成效和職場氛圍都開始逐漸產生變化……

過去，我也和凜一樣，對於如何培育下屬一無所知。但自從學會「教的技術」之後，就完全沒有這方面的困擾了。隨著這套方法的落實，下屬工作起來變得相當順利，公司的業績也跟著急速上升。不僅如此，身為上司的我，也不會再對下屬有任何情緒性的責難，完全跳脫過去每天「焦躁」的心情。

本書所介紹的這套「教的技術」，主要重點在於指導及培育下屬時，身為上司的人必須將焦點放在下屬的「行為」上，而不是「工作幹勁或毅力」。

「教的技術」是一套擁有科學理論的方法，「無論是誰在何時何地」進行都能見效。因此，不管指導者（上司）和培育對象（下屬）是誰，都可以藉由這套方法，在短時間內改變「（組織中業績效率前兩成以外的）剩餘八成員工」的工作能力。

換言之，實踐「教的技術」，一定可以拯救你的下屬或晚輩。

如同上述，「教的技術」著重的是「行為」。以「教的技術」為基礎的行為科學管理，是一套建立在科學理論之下的管理方法，因此無論下屬或對象是誰，「教法的基礎」完全一樣，不會因為年齡、性別或國籍等各種因素而有所改變。

不過，我認為，為了確保讓所有人都能快樂地工作，除了這套方法之外，也必須顧慮到每個下屬不同的立場與個性。

因此，在進行指導、培育時，必須隨時保持客氣的態度，並將重點放在下屬的「行為」上。

或許這才是身為理想領導者應該努力的目標。

在本書的漫畫中，也會針對不同的下屬類型，介紹個別應該考量及顧慮到的重點，請大家務必參考。

本書的每一個章節在漫畫部分結束之後，會再透過文字說明，讓大家更深入地瞭解「教的技術」。當然，你也可以只看漫畫部分，同樣可以掌握到「教的技術」的精髓。

我衷心期望這本書可以成為各位培育下屬的指導聖經。

行為科學管理研究所所長　石田淳

二〇一五年一月吉日

序幕

何謂以行為科學為基礎的「教的技術」？

Chapter 1

什麼是「教」？

Chapter 2

怎麼教？

Chapter 3

稱讚可以使人成長

staff

內文設計、排版：二ノ宮 匡（NIXinc）
漫畫製作：TREND-PRO／BOOKS PLUS
繪製：temoko
腳本：akino
協助：木村美幸

序　幕

何謂以行為科學為基礎的「教的技術」？

Story 0 遇見大師
什麼！
Naturel
工讀生山崎不做了？
匆忙
匆忙
出貨中
神吉 凜
休閒服飾品牌「Naturel」宇留川分店的新任店長
電話打不通，完全找不到人。
應該是被你罵跑的吧。
什麼！
乙葉 成雪
「Naturel」的轉職員工，以前曾在其他服飾店工作。
罵人的是你吧！
我年紀比他大，當然可以罵他。
可惡
我可是店長耶…
真是的
蹬！

碰
好痛！
嗵！
是誰把這個放在這裡沒收的！
對不起！
我本來想等一下再收。
艾爾皮爾・巴皮雍
（簡稱：艾爾）
工讀生。
外籍留學生。
紙箱
現在馬上收好！都已經要開始營業了！
說到這個，小森沒事吧…
←沒在聽
超完美。♡
明亮大眼
小森 茉莉
新進工讀生。
職校生。
她一直待在洗手間沒出來。
又在化妝，真是受夠了！
為什麼這家店都是一些不中用的人！
店長，你還好嗎？

唉！今天又要加班了…
喀嚓
是誰？
神吉小姐
太好了，你還在。
糸數小姐！
這麼晚了，你怎麼會來…
喀噠
糸數 和彩
「Naturel」區域經理
難不成是來幫忙的？
唉…
這個月，宇留川店的業績又墊底了…
原本以為讓你這個區域業績第一名的人來當店長，狀況會好一點，沒想到變得更慘了…
呃！
果然是來訓話的

白天時我偷偷來視察了一趟，
店員不僅沒招呼客人，就連最基本的介紹商品也幾乎沒做到⋯
你到底是怎麼教的？
這個⋯我會再努力的。
如果只是你個人的業績，或許還能光靠努力有所提升。
可是管理一家店不能只靠努力和毅力。
一定要先設定目標才行。
滔滔
不絕
⋯
啊──好睏吶！
鈴──
鈴──
鈴──
鈴──
昨天熬夜熬太晚了。
哈欠～
還是提起精神去跑步好了！
就這麼做！

噠
早安！
自從每天早上開始跑步，經常會遇到這個男生。
啊，早啊。
跟他只是點頭之交，連他的名字是什麼都不知道。
…你的臉色不太好耶。
嚇一跳
呃
其實，我是一家服飾店的店長。
可是我的員工都沒辦法照我想的去做…
呵呵
是這樣啊…。

我可能不適合帶人吧。
還是我的員工都是庸材呢？
都不是這些問題！
你只是不知道正確的「教法」而已。
教法？
什麼意思？
所有工作成果，都來自於員工每一個「行為的累積」。
行為
行為
行為
行為
行為
行為
行為
行為
行為
行為
工作成果
所以，如果想改變結果，一定要改變員工的「行為」才行。
什麼？

只要改變員工的行為，最後的成果就會跟著改變。
所謂「教法」，就是讓員工學會你所期望的行為，以達到最後的成果。
教法
=
讓員工做出你期望他做到的行為。
可是我不知道「教法」是什麼啊…
這是把焦點放在人的「行為」上的一種管理方法。
只要利用「行為科學管理」就可以了。
行為…
科學？

就是「教的技術」。
拜託請再說清楚一點！
這個嘛⋯
只要你每天持續慢跑，
我就教你。
嘿嘿
嗯
嗯
加油吧!!
好⋯

序幕 1

下屬或晚輩沒有進步，是因為身為上司的你不知道「教法」

≫有能力的員工，不等於有能力的管理者

本書漫畫中的主角神吉凜，是全國連鎖休閒服飾品牌「Naturel」的宇留川分店店長。在過去，她是一名優秀的銷售員，業績屢居區域之冠，因此受到公司提拔而成為宇留川店的店長，想藉此提振該分店低迷的業績。

然而，三個月過去了，宇留川店的業績完全沒有改善，凜身為店長的領導能力也開始受到區域經理的質疑。

像凜這樣因為業績優秀而受到提拔，成為組織裡中階主管的案例，在許多企業中都十分常見。

但事實上，「完成份內工作」和「培育、指導下屬」，是完全不同的兩種能力。這一點可以從體育界中清楚看出來。

舉例來說，就算是奧運金牌選手，或是曾經擁有輝煌成績的知名棒球員，也不一定能成為厲害的教練。凜就是這類型的人，雖然是個實力優秀的超級銷售員，卻不是有能力的店長。

相反地，有些人在當員工時雖然表現平庸，卻十分擅長激發組織成員的最大潛能，也懂得如何指導新人，更是一個可以創造優秀成績的領導者。

明明是有能力創造個人優秀業績的人才，卻無法勝任培育下屬的工作。為什麼會這樣呢？

原因就在於，他們「不懂教法」。

在指導、培育下屬時，必須先學會「教法」。

許多公司在每年招收新進員工後的幾週到一、兩個月之間，人事部都會舉辦新進員工研習營，主要用意是教導新人一些企業員工應該知道的事情，包括應對方式、交換名片的方法、電話應對等，身為社會人士需要瞭解的基本禮儀，以及企業理念和主要事業內容等，公司相關的基本認識。

新進員工在接受研習之後，就會分發到各單位，接下來關於「如何指導」確切的工作內容，就完全交由該員工的上司來負責。換句話說，如果上司不知道「教法」，理所當然地，下屬就無法如預期地成長。

學會「教的技術」之後，培育人才將變成一件快樂的事！

在目前的許多企業中，仍然存在著一種根深柢固的觀念，認為「工作必須靠自己偷學，而不是等著別人來教」。相信在各位的同輩中，很多人都曾經被上司和前輩灌輸這種觀念。如果過去不曾受到「上司和前輩在工作上的細心、妥善指導」，如今面對自己的下屬時，自然也不會用這種方式來培育他們。

我的經驗也是如此。當我還是上班族，第一次擁有自己的下屬時，我只向他們解說了影印機的操作方法、文具資料擺放的位置，以及申請交通費的方法等基本事項。

接著，我讓下屬跟著我一起做事兩、三天，要他們邊看邊學，然後就告訴他們：

「好了，接下來你自己會做了吧？有不懂的再問我。」這就是我給下屬的「新人教育」。

後來，我自己創業時，也只把業績目標告訴員工，卻沒有具體教他們該怎麼做，只是簡單一句：「那麼就請大家加油努力吧！」就算了事了。

即使我不曾學習過「教法」，但這種作法，連我都覺得自己是個失敗的領導者。

不過，當我學會本書介紹的「教的技術」並真正實踐之後，我的所有下屬都以驚人的速度確實掌握了工作要領，公司業績也有了飛躍的成長。這時，我才體會到「培育人才」的快樂和成就感，這些都是以前的我不曾感受過的。

這套「教的技術」一點也不難，任何人都能做到，因此請各位務必也要學會，親身感受這種培育人才的喜悅。

我可能不適合帶人吧。
還是我的員工都是庸材呢？
都不是這些問題！
你只是不知道正確的「教法」而已。

序幕 2

改變「行為」，「結果」肯定會變得不一樣

所有工作都是靠行為的累積

不僅是凜工作的「Naturel」宇留川店，所有企業（店家）都會為了提升業績而拚命努力，因此一般都認為最重要的是設定目標。

公司的整體業績目標，通常都會平分到各部門或分店，再依此決定員工個人的業績目標，最後再以「是否達成目標」或「距離目標差距多少」等「結果」，來評斷員工的努力程度。

這就是一般常見的管理方法。

如果沒有達成目標，上司就會激勵下屬，例如：「你有什麼困難嗎？不多努力

一點怎麼行呢！」

像這樣決定目標數字，並且把重點放在是否達標的「結果」上，真的可以有效提升業績嗎？只看「結果」，員工真的能從中獲得成長嗎？答案是不會。

真正應該重視的不是「結果」，而是「行為」。

因為事物最後的成果，全都來自於當事人「行為」的累積。

舉例來說，有個游泳選手花了五十五秒游完一百公尺的自由式。

這個秒數（結果），是包括跳水、游法（手部動作）、踢水（腳部動作）、換氣、折返動作及最後的觸牆等，一連串行為累積的結果。

這時，如果想要縮短秒數，教練應該怎麼做呢？

「靠努力和毅力，以五十四秒為目標就對了！」光靠這樣聲色俱厲地要求，就真的能打破紀錄嗎？我一點都不這麼認為。

教練應該做的，是仔細檢視選手的每個動作（行為），找出可以改善、再精進的部分，並指導選手該怎麼做，如此才有辦法創造更好的成績。

在工作上也是一樣，所有成果都來自於員工「行為的累積」。

如果最後的結果不如預期，身為上司應該做的事其實非常簡單，就只要改變員工在過程中的行為就可以了。

如果員工過去的行為不正確，就將它改成「你所期望的行為（＝可以達到成果的行為）」。

如果員工沒有做到可以達到成果的行為，就具體教會他該怎麼做。員工做出愈多「你所期望的行為」，結果一定會跟著改善。

無論是在凜工作的「Naturel」宇留川店，或是在各位的公司中，一定都有所謂「你期望下屬做到的、可以創造成果的行為」。只要不斷做到這些行為，毫無疑問地，最後一定能獲得預期的結果。

將焦點放在「行為」上。這才是「教的技術」最大的重點。

教法？
什麼意思？
所有工作成果，都來自於員工每一個「行為的累積」。
行為
工作成果

序幕 3

「無論是誰在何時何地」使用同樣的方法，都能得到相同的結果

「教的技術」的基礎——行為科學管理指的是什麼？

在**序幕1**中提到，過去我從來不曾具體教員工該怎麼工作，只是一味地要求數字目標。如果有員工達不到目標，我就會生氣地怒罵對方，例如：「你就是毅力不夠，所以才做不到！」或「不管怎樣，你一定要給我達到目標！」等。

簡直就是典型的「失敗的上司」。

這樣的結果，造成公司裡一口氣有十名員工全都離職不幹了。

就算是再怎麼「失敗的上司」，我也意識到「自己必須做出改變」，於是我開始閱讀許多商業管理書籍，試圖從中找到解決辦法。可是，市面上所有商管書描寫的幾乎都是「天生傑出的領導者」的成功哲學或勵志故事。這些人以過人的經營手腕

創造出輝煌的成果，並且靠天生的領導能力和厲害的人心掌控術，激發員工不斷成長。不過，我想知道的是，無論面對任何人，都能確實讓對方創造出工作成果的具體方法。

最後，我終於找到一套發展自美國的管理方法。這是以行為分析學為基礎的方法，藉由將焦點放在人的「行為」上，以達到最後的預期結果。

我深受這套清楚簡明的理論所吸引，於是前往美國接受指導及學習，並走訪許多實際落實這套方法的企業。

現在，歐美地區已經有超過六百家企業行號和公家機關採用這套管理方法。如今我所提倡的「行為科學管理」，正是配合日本企業的工作習慣，以及日本人的價值觀，再將這套方法進行調整後所整理出來的理論。

「行為科學管理」的基礎——行為分析學，是心理學的一種，如同字面意義，是研究人類「行為」的一門學問。它的目的簡單來說，就是為了瞭解「（那個人）為什麼會做出那個行為？」以及「如何促使人做出那個行為」等。

以行為分析學為基礎的理論和法則，都是經過多次實驗所得到的科學結果，因此都具有重現性。**換言之，「無論是誰在何時何地」這麼做，都能得到相同的結果。**因此，以行為分析學為基礎的「行為科學管理」當然也一樣，只要正確地去做，任何人都能確實創造成果。

如前所述，工作成果來自於「行為」的累積。培育「可以創造成果的人才」，意思就是教導員工「你期望他做到的、可以創造成果的行為」，並引導他不斷做到。因此，我要介紹這一套我研究整理出來、以「行為科學管理」理論為依據的「教的技術」給大家。

這套「教的技術」是將焦點放在下屬的「行為」上，因此可以在毫無壓力又不會讓人感到焦躁的狀態下，順利進行指導。另一方面，對於一直無法在工作上有所成長的下屬或晚輩，也能將他們培育成可以創造成果的人才。

Column

聚焦片段 1
你也曾感嘆「為什麼我的下屬全都不成材」嗎？

下屬一直辦事不力，沒辦法成為期待中的可用人才……使得凜不由得感嘆：「（為什麼我的下屬）都是一些不中用的人！」她似乎以為，「下屬不成才的原因，是出在他們自己身上」。

以前的我也堅信「下屬的工作表現不好，是因為他自己沒幹勁或沒能力」，所以我很能體會凜的感嘆。

不過，在這裡我必須先清楚聲明一件事。
下屬沒把工作做好（無法進入狀況），**原因並非出在他們自己身上，而是上司的責任。**
這麼說的意思，並非指「上司的能力或資質」有問題，而是上司不懂得「教法」。這才是造成下屬無法把工作做好的唯一原因。

一般企業都是由兩成的「菁英」和八成的「庸才」所組成，透過「行為科學管理」，可以將這八成的人轉變成「菁英」。只要學會以這套理論為依據所整理出來的「教的技術」，情況一定可以改善。

首先，各位要做的，就是捨棄「全是下屬不好！」的觀念。

Chapter 1

什麼是「教」？

Story 1 轉職員工 乙葉成雪
嘩
啪
吱
啊！
早安。
啊，早啊。
這種天氣你還出來跑步，很努力喔。
對啊，因為跟你約定好了！
幸好大師你也來跑步了。
大師…是指我嗎？
對啊！
我叫神吉凜，叫我凜就好了。
大師，你現在可以教我什麼是「教的技術」了嗎？
可以啊，這是我們的約定。
太感謝你了！

要讓下屬確實做到你所期望的行為，
身為上司的你必須要幫一點忙才行。
因為「瞭解」和「做到」兩者之間的差異非常大。
這是什麼意思？
以慢跑來說好了，就算知道
「每天跑步有益健康」，
瞭解
每天跑步
有益健康
但是
做不到
啦
啦
今天休息一天好了。
也不表示每天都會確實「做到」，對吧。
尤其是這種下雨天…

就算真的瞭解，也不代表就能完全做到。
這麼說來，不就是有沒有「幹勁」的關係了嗎？
嗯—嗯
所以才需要你這個上司的幫忙啊！
你必須「教」他們一個不受幹勁影響的工作方法。
原來如此⋯⋯
所謂「教」，就是「讓對方做出你期望他做到的行為」，或是「把錯誤的行為改變成正確的行為」。
所以，你的重點應該放在對方的「行為」上，而不是「心」。
心
把焦點放在行為上，接下來該怎麼做呢？

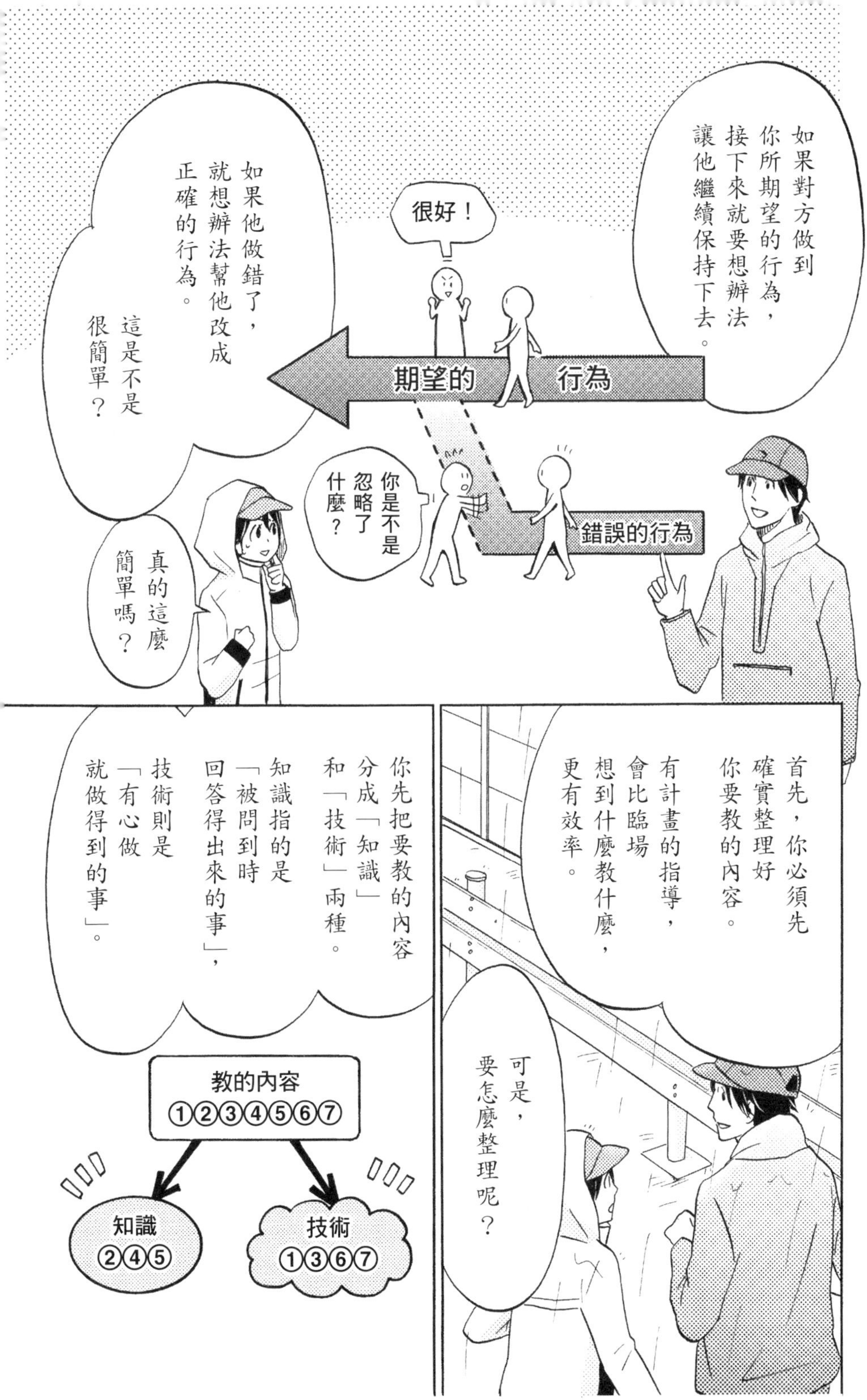
如果對方做到你所期望的行為，接下來就要想辦法讓他繼續保持下去。
很好！
期望的行為
你是不是忽略了什麼？
錯誤的行為
如果他做錯了，就想辦法幫他改成正確的行為。
這是不是很簡單？
真的這麼簡單嗎？
首先，你必須先確實整理好你要教的內容。
有計畫的指導，會比臨場想到什麼教什麼，更有效率。
可是，要怎麼整理呢？
你先把要教的內容分成「知識」和「技術」兩種。
知識指的是「被問到時回答得出來的事」，技術則是「有心做就做得到的事」。
教的內容
①②③④⑤⑥⑦
知識
②④⑤
技術
①③⑥⑦

你的意思是，像是衣服的質料和尺寸，
質料
S
M
L
尺寸
就屬於「知識」類的內容嗎？
沒錯！
至於要如何引導客人進一步試穿，就屬於「技術」了。
您要不要試穿看看呢？
我懂了。
還有一點也很重要。
你必須仔細觀察工作表現優秀的下屬，找出「可以創造成果的行為」。
原來還要這麼做⋯
可是，要怎麼觀察呢？

舉例來說，關於應對客人方面，你可以到其他業績較好的分店去觀察他們都是怎麼做的，這或許是不錯的方法。
我們也有這種質料的款式，
很好搭配喔！
哇—
這麼說可以傳達出商品的優點！
客人很認同耶！
這一款穿起來很舒服，
很多客人都很喜歡。
這也是一種方法，對吧？
啪
啪
沒錯！
接下來，你只要把觀察到的這些「可以創造成果的行為」做成一張檢查清單，
讓其他員工也做到清單上的行為，就有可能提高他的工作表現。
待客應對檢查清單
日期
員工：
主管：
順序
審核項目
完成
1 以名字直接稱呼常客。
2 詢問客人要穿著的場合，並根據場合提供建議給客人。
3 將買過同款衣服的客人穿過之後的感想和評價，告訴新客人。

接下來，你必須觀察指導對象做到了哪些，又有哪些部分是做不到的。
就利用剛才那份檢查清單，對吧？
沒錯。首先從「知識」方面開始。
你可以根據檢查清單上的項目，把工作相關的專業用語，或是可以創造成果的重點等，先整理成一份「知識重點」。用一問一答的方式，一一確認下屬的瞭解程度。
就像問對方「你知道○○是什麼意思嗎？」或是「如果接到客人的抱怨，應該向誰報告」嗎？
Q1 退貨的處理方式？
Q2 ○○指的是什麼意思？
一問一答的方式
就是這樣。
至於「技術」方面，就要透過實際操作來檢查了。
這部分也要先根據檢查清單，整理出必須確認的重點。

對照「技術重點」去檢查，就能對下屬做出具體的回饋。
聽起來好像很麻煩…
你現在可能會覺得很麻煩，但只要把需要確認的項目事先整理好，做成清單，
之後的新進員工就能直接用這份清單來做事。
從長遠來看，其實比較有效率，而且更有用。
我懂了…我會試試看的！
嗯
啊！
雨停了。
有彩虹耶！
好，拚了！
衝啊！

觀察下屬已經會做的事，還要針對他們做筆記。
真要教的話，應該要從乙葉開始。雖然他的態度有點傲慢，但其實能力很好。
下次來問問大師，要怎麼跟轉職員工應對好了。
Naturel
唉～累死我了～
偷瞄
偷瞄
千萬不能把上司和下屬之間，當成是一種上下關係。應該把雙方視為各自發揮所長的平等關係。
你到底要做什麼啦！從剛剛就一直偷瞄個不停。
我有點事想問你⋯⋯

說吧，有什麼事？
這個嘛…
指導轉職員工的三大重點是…
偷看
關於你前一個工作的狀況，還有你來到這裡之後才知道的，或是重新學會的事，能不能請你再跟我說一次？
前一個工作啊…
重點一，釐清員工「已經知道／不知道的事」，以及「會做／不會做的事」！
有了，以前只要下雨，我們店裡播放的音樂就會是…
是這樣啊。
果然…
他其實不太清楚現在的工作和前一個工作
有什麼不同，也不知道自己在這裡學到了什麼。
另外像是～
摺衣服的方法啦…

這樣的話，關於今後的工作內容，
上架部分我會交由其他人負責，你就全心全力接待客人就好了，可以嗎？
呃，好吧。
第二個重點是，
決定員工工作的劣後順序，也就是不需要做哪些事。
最後一個重點是…
另外，
我有一件事想請教你的意見。
請教我？
你覺得我適合穿什麼樣的衣服？
什麼？
因為你比較有品味，
對流行時尚也很瞭解。
才沒這回事呢！
面紅耳赤

重點三，將對方視為各種意見的請教對象。
呃，既然說到這個……就好比，
藉此可以加深彼此的信任關係，自己也能得到有經驗者的意見及看法！
你老是穿條紋圖案的衣服，給人的印象總是一成不變。我覺得你可以
加一點小配件，或是穿一些有動物圖案的衣服，應該都很適合你。看起來也比較活潑。
真的耶！
今天也是穿條紋。
這個意見實在太好了。
這些意見也能用來當作推銷話術，拜託你再多教我一點！
你是認真的嗎？
對了！乾脆今天晚上一起去吃飯好了？
如果是你請客的話，我就去。
呃
又來了…
上當了

PUIBAR
對了，這好像是我第一次跟你一起吃飯。
是啊。
應該早一點邀你一起吃飯的。
驚！
因為大師說過，如果雙方要能夠一起討論工作，最好的方法就是分享彼此的生活，藉此建立信任關係。
竊笑
咬、咬、咬
……♪
好，今天我請客，你想吃什麼就儘管點吧！
太好了！
那我就不客氣囉！

你說什麼！你以前彈過吉他？
可是，因為我笨手笨腳的，把音箱給弄壞了，從那之後就再也沒碰過樂器了。
原來還有這種事…
我這個人啊，還真的有夠笨手笨腳的。
虧你還是個店長！
嗯，我就連在工作上也常犯錯。
剛進公司時，我犯錯的次數多到被稱為「客訴最多的新人」。
不會吧!?
笑死我了，你也太慘了！
哈！哈！哈！
喂！你也不必笑成這樣吧！
我以前也是很可憐的。

不過，這樣我就稍微放心了。
我原本以為店長什麼都會，跟我完全是不同世界的人。
你想太多了。
我說你啊，有想過要靠音樂維生嗎？
沒有，我覺得音樂只能當作興趣，這樣才有辦法享受玩音樂的樂趣。
那你將來想做什麼？
我很喜歡衣服，衣服是生活必需品，因為每個人都必須穿衣服。
雖然我還不知道具體來說自己想做什麼，但我想透過衣服帶給人們幸福。
……

啊，我在說什麼啊！
酒喝太多了⋯⋯
耳赤
面紅
沒、沒有啦！
哎呀
這樣很棒啊。
那麼今後，讓我們一起透過衣服帶給人們幸福吧！
就從我們的店開始做起！
來吧，乾杯！
乾杯！
這樣或許也不錯吧！
要和這傢伙一起帶動店裡的工作士氣嗎？
⋯

Chapter 1-1

「教」究竟是什麼意思？

≫下屬或晚輩的成長，與毅力和幹勁一點關係也沒有！

「告訴訪客會議室的方向」、「向他人請教新印表機的操作方法」、「指導垃圾分類的方法」、「請教專業用語的意思」。

我們每天就像這樣，隨時都會使用到跟「教」有關的詞彙，也經常有機會教導他人或向人求教。

但如果被問到：「『教』指的到底是什麼？」想必很多人一時之間都答不上來。面對教育和指導下屬時，如果想「做點什麼」，或是想「做得更好」，就有必要好好思考「『教』的真正涵意」。

我對「教」的定義是：

——促使對方做出「你所期望的行為」。

以上述的例子來說，透過「教」可以引導出「你所期望的行為」。

- **告訴訪客會議室的方向↓（引導出的行為）＝訪客找到會議室**
- **解說印表機的操作方法↓（引導出的行為）＝正確使用印表機**
- **說明垃圾分類的方法↓（引導出的行為）＝依照分類方式丟垃圾**
- **解釋專業用語的意思↓（引導出的行為）＝學會專業用語**

換言之，就是透過「教」，讓對方做出你所期望的行為。

再進一步來看，有兩種方法可以促使對方做出你所期望的行為。

【方法1】當對方不知道如何做到「你所期望的行為」時

→想辦法讓對方學會「你所期望的行為」

舉例來說，指導不知道如何打掃的人正確的打掃方式，或是教他人新電腦軟體的操作方法等，都屬於這一類型。

【方法2】當對方做出「錯誤行為」時

→將對方的行為導正為「你所期望的行為」

例如，如果資料裝訂的位置不對，就教導對方正確的裝訂位置；向客人鞠躬的角度太高時，就教導對方正確的鞠躬角度等。

如果下屬對教過的事一直做不好，或是工作不熟練時，不少上司就會將一切原因歸咎於下屬「心」的問題，例如「因為他對工作沒有熱情」等。

但如同我一再重申的，「教」指的是「促使對方做出『你所期望的行為』」，因此重點應該是「行為」。

如果忽略行為，只是一味地在「毅力」或「熱情」等情緒因素，也就是「心」的問題上打轉，事情將永遠無法解決。

身為上司，必須清楚瞭解，如果下屬對工作不熟練，全是因為你的「教法」不好，才無法讓下屬做出你所期望的行為。

「教」的時候，最重要的是觀察及分析下屬的「行為」。

● 當對方沒有做到你所期望的行為時，要教到對方學會為止。

- 當對方的行為錯誤時，要協助指導改為正確的行為。
- 當對方做到你所期望的行為時，要想辦法讓對方繼續保持下去。

以前，大家從來不曾深入思考過「教」的真正涵意，只是下意識地去做。而現在，**只要重新改變角度，將焦點放在「行為」上，你就會知道身為上司應該怎麼做。**

你的工作並不是要激發下屬的「毅力」或「幹勁」。

促使下屬做出「你所期望的行為」，才是上司面對下屬時應該做到的「教育、養成與指導」。

Chapter 1-2

事先整理好要教的內容

將教的內容分為「知識」與「技術」

瞭解「教」的目的之後，接下來要思考的是教的「內容」。

各位在指導下屬工作時，會事先確實整理好要教的內容嗎？

事前毫無準備，臨場想到什麼就教什麼，這種教法不僅容易漏掉重點，對於被教的下屬來說，也很難掌握完整的工作內容，甚至還會經常發生重複指導的狀況。

因此，為了準確而有效地達到「教」的目的，事前的內容整理絕對不可少。

就像漫畫中大師對凜說的，在指導下屬工作時，我希望各位可以先將教的內容分成「知識」和「技術」兩大類。

「知識」指的是，被問到時回答得出來的事。

「技術」指的是，有心做就做得到的事。

各位可以從駕訓班的例子，來瞭解這兩個具體的意思。駕訓班一般都會將課程內容清楚劃分成「學科」和「術科」兩種，根據這個分類，教練和學員就能知道今天要學的是什麼，學習效率也會更好。

以凜工作的服飾店來說，「當季流行趨勢」、「各種質料的洗滌方法」、「追加訂貨的廠商電話」等，這些都屬於「知識」的內容。凜必須針對這些內容指導所有員工，直到大家「被問到時回答得出來」為止。

另一方面，「商品的進貨、檢查、上架」、「架上衣服的摺法」、「鞠躬的方法」、「包裝禮物」等「技術」，則必須實際要求員工持續訓練，直到「有心做就做得到」為止。

何謂知識與技術？

	知識	技術
服飾店營業前的準備工作	・知道進貨表擺放的位置。 ・看得懂進貨表。 ・知道備份鑰匙擺放的位置。 ・知道每一扇門的鑰匙。 ・會操作店內的音樂設備。 ・知道商品庫存與追加訂貨的聯絡電話。 ・知道包裝紙擺放的位置。	・看得懂前一天的待辦事項紀錄。 ・知道店裡的電源開關。 ・會使用收銀機。 ・會依照衣服固定的擺放位置整理庫存，並進行品檢。 ・會控制店內音樂的音量。 ・會上架商品。 ・會替客人做好試衣前的準備。

藉由將教的內容分為「知識」和「技術」，不但可以讓指導內容和順序變得更清楚，萬一指導過程進行得不順利時，也能透過審視而輕易找出原因，例如：「是技術不熟練的關係？還是知識不足的緣故？」

徹底分析「優秀員工的行為」

無論是在職場上或家庭裡，甚至在城市中的每一個角落，隨時都有「教」的機會。

不過，如果對象是職場上的人，「教」指的就是：

——促使下屬做出「你所期待的行為（＝可以創造成果的行為）」。

這裡所謂的「可以創造成果的行為」，指的究竟是什麼呢？

尋找答案的方法非常簡單，只要觀察優秀員工的工作情況就可以了，**因為有工作成果的人所做的行為，就是可以創造成果的行為。**

以像凜這樣的銷售工作來說，可以觀察員工從一早到公司直至開始營業之前都在做什麼，當店裡沒有客人時又在做什麼。另外，還包括招呼客人時的站立位置、姿勢、說詞、語調、表情等，以及面對猶豫不決的客人時的應對方法、對於試穿衣服後的客人之說詞、引導客人結帳時的閒聊話題、結帳後到送客之間的順序等。總之，就是針對優秀員工一整天的每一個「行為」仔細研究分析。

每個人的工作方式各有不同，因此最好的作法是針對一個以上的「優秀員工」，觀察分析個別的工作方式，藉此就能歸納出要創造成果時不可或缺的「行為」。

如果該項工作正好是你擅長的範圍，也可以對照過去自己還是員工時的「行

為」，一起做整理。

就像過去曾是超級銷售員的凜，假使她能仔細回想自己過去的「行為」，對現在一定會有非常大的幫助。

用這種方法找到「你期望下屬做到的、可以創造成果的行為」之後，再進一步整理列表，就完成創造該項工作成果的「檢查清單」了。

由於清單上的行為是「有工作成果的人在做的行為」，因此無論是誰，只要重現這些行為，就很有可能也能創造出成果。

觀察「優秀員工」的行為並整理成清單，這個過程雖然需要耗費不少精力，不過一旦完成後，就能直接用來指導其他員工。

≫ 瞭解下屬「會做什麼」和「知道什麼」

完成檢查清單之後，接下來應該做的，是針對工作項目一一確認下屬「瞭解到什麼程度」以及「可以完成到哪個階段」。

面對下屬時，上司絕對不能自以為「他應該知道這種事情」。不只是新人，就連剛從其他公司轉換跑道進來的轉職員工，或是從其他部門轉調過來的員工，都必須針對這幾點仔細確認。

在確認「知識」方面的內容時，一問一答形式是最好的方法。

問題可以根據前述以優秀員工的行為所製作而成的「檢查清單」來擬定，內容包括工作上必要的專業用語，以及創造成果前必須做到的重點等。

進行方式可以是口頭問答或用寫的，例如：「新質料○○的三大特色是什麼」、「追加訂貨時要聯絡誰」等。

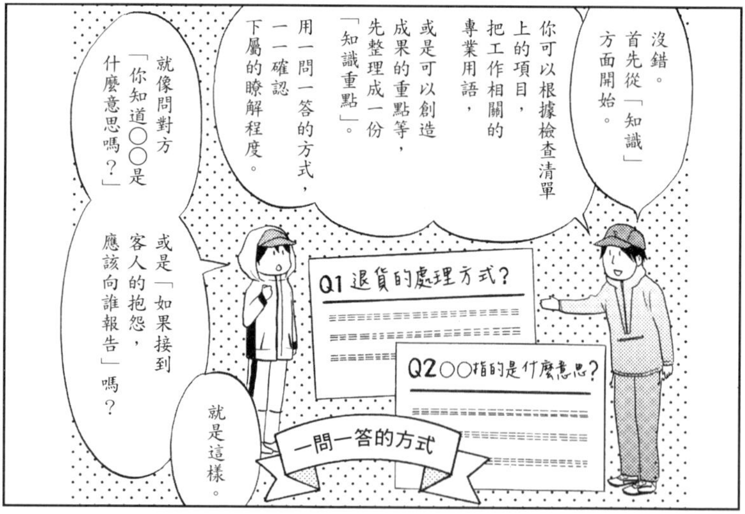
沒錯。首先從「知識」方面開始。
你可以根據檢查清單上的項目，把工作相關的專業用語，或是可以創造成果的重點等，先整理成一份「知識重點」。
用一問一答的方式，一一確認下屬的瞭解程度。
就像問對方「你知道○○是什麼意思嗎？」
或是「如果接到客人的抱怨，應該向誰報告」嗎？
就是這樣。
Q1 退貨的處理方式？
Q2 ○○指的是什麼意思？
一問一答的方式

檢查清單範例

招呼客人與推銷商品

順序	完成	檢查項目
1	□	看到客人上門時立刻展露微笑，用客人聽得到的聲音大聲說「歡迎光臨」。
2	□	對於來過兩次以上的客人，能叫得出對方的名字。
3	□	會詢問客人之前購買的商品之使用狀況，例如：「○○小姐，您之前買的那件○○，在搭配上有沒有什麼問題呢？」
4	□	每週複習顧客資料表，牢記客人的名字、長相及曾經購買的商品。
5	□	能觀察客人對何種商品感興趣，馬上進一步推薦其他相關商品給客人。
6	□	看到客人需要協助時，會立刻上前提供服務。
7	□	在推薦相關商品給客人之前，會先讚美客人的品味，例如：「○○小姐，您這件○○好漂亮喔！」
8	□	推薦商品時，不針對客人做任何評價，例如：「如果再加上這個○○，就能讓您的整體造型更加分喔！」
9	□	替客人結帳時，會順便透露新品訊息，例如：「我們○月○號會有新款上市喔！」
10	□	當結帳客人較多時，會請客人先稍待，例如：「不好意思，目前結帳大概還需要○分鐘，麻煩您稍待一會兒。」
11	□	結帳後，親自送客人離開，並微笑感謝客人的光臨，例如：「○○小姐，今天謝謝您的惠顧。」
12	□	說完後，立刻行 30 度的鞠躬禮，目送客人離開。

如何找出下屬在工作知識和技術上不足的部分？

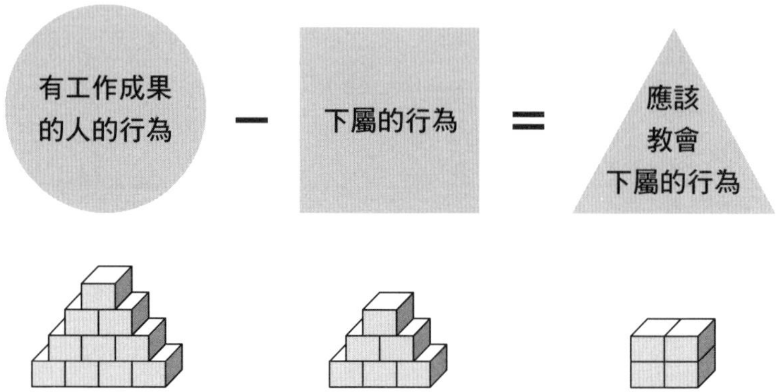

至於「技術」方面，只要讓員工實際操作就可以了。以凜工作的服飾店來說，可以要求員工「可以請你示範一次檢查商品的方式嗎？」或「請把這個商品包成禮盒」等。

藉由實際操作來瞭解員工「知道什麼」和「會做什麼」之後，再與檢查清單上的項目對照比較。

「有工作成果的人的行為（所具備的知識和技術）」與「下屬的行為（所具備的知識和技術）」之間的差距，就是「應該教會下屬的行為（下屬在工作知識和技術上不足的部分）」。

Chapter 1-3

藉由生活話題建立彼此的信任關係

由自己先開啟工作以外的話題

想要成功指導工作或培育人才，有一個不可或缺的要素是，指導者與被指導者之間的信任關係。

特別是面對新進員工或組織中的新成員等，今後將要一起工作的夥伴，在雙方建立信任關係的最初階段時，非常重要的是必須「打好關係基礎，讓雙方往後能放心地討論工作」。

這時候的重點是，「不要一開始就談到工作」。

不能談論工作，又該聊些什麼呢？當然就是生活上的話題了。

上司和下屬如果能在生活層面上擁有共通點，彼此間或許就能毫無顧忌地針對工作進行各種討論。

關於這一點，首先要由身為上司的你開始做起。聊天的話題不拘，可以是興趣、假日休閒、喜歡的書或電影、支持的球隊或崇拜的名人等，就像漫畫中的凜和乙葉邊吃飯邊聊著彼此的興趣一樣。

聊工作以外的生活話題，可以讓下屬卸下緊張的心情，也就能更坦然地分享關於自己的事。

只要找到共通點，就能迅速拉進彼此的距離。即使沒有共通點，一定也能加深彼此的親密度。

上司和下屬之間，與其彼此有所顧忌，例如：「我可以信賴這個人嗎？」、「感覺他很難親近」等，不如建立雙方都能放鬆敞開心胸的親密關係，例如：「他好像很好相處」、「他好像很可靠」，更有利於日後的指導或培育順利進行。

》瞭解下屬工作的目的

過去，企業裡的員工，每個人的工作目標應該都是「為了出人頭地，賺大錢買房子（或車子）」。

但現在，大家的工作目的可說是千差萬別。

例如：「為了累積將來的創業資金、人脈和經驗」、「工作只是為了養家，最重要的還是與家人相處的時間」、「為了興趣上的花費，所以只好工作賺錢」等，每個人的目標和工作價值觀都各有不同。

換言之，用過去那些「想要加薪就犧牲休假，多做一點！」、「至少要養得起老婆才能算是男人」之類的話來激勵員工，完全無法打動如今這個擁有多元價值觀世代的員工。

所以，上司必須換個方式，例如面對將來想創業的員工，只要告訴他「這次的專案是你拓展人脈的大好機會」，就能提高他的工作意願。或者對於重視興趣的下屬，將「準時下班」做為他的業績獎勵，說不定會讓他更積極地工作，達成目標。

就像漫畫中的凜巧妙地試探出乙葉真正想做的事一樣，請各位務必要與下屬坦然針對「你想從工作上獲得什麼」、「你的人生目標是什麼」、「你為什麼選擇這份工作和公司」等問題進行對話，藉此瞭解對方的工作動機和目的。

≫「聆聽」下屬的煩惱

各位平時會對不太往來的上司或前輩，傾訴自己的煩惱或吐露真心話嗎？想必多數人的答案都是否定的吧。

我想，大家應該只有對平時願意聆聽自己說話的人，才會坦白說出真心話，或是在遇到困難時尋求對方的意見。

因此，如果想要瞭解下屬的煩惱，或是及早知道對方在工作上的失誤，身為上司的你就必須養成「仔細聆聽下屬說話的習慣」。

為什麼上司都不願意聽下屬說話呢？原因很簡單，因為上司自己講太多了。舉例來說，當員工說「我今天拜訪客戶時發生了一件事……」，話才講到一半，上司就連忙打斷，「像這種時候，你只要〇〇做就好了」，開始說起自己的經驗談。

如果平時都不曾讓下屬好好說話，沒有仔細聆聽的習慣，將無法得知下屬的真心話或煩惱。

從今以後，當下屬在表達意見時，各位不妨扮演一位稱職的聆聽者吧。

「指導轉職員工的技巧」

釐清對方「知道／不知道的事」，以及「會做／不會做的事」

即使是同一個行業，每家公司「創造工作成果的行為（工作方法）」也不盡相同。對於工作上的重點，如果員工「不知道／不會做」，上司一定要確實進行指導才行。

徹底貫徹劣後順序

具有轉職經驗的員工，通常會依照以前的方式來決定工作（行為）的優先順序，這時，就必須清楚讓他知道，哪些行為對現在的工作來說是非必要的。

將對方視為各種意見的請教對象

藉此不僅可以增進彼此之間的信賴關係，也能獲得對方在其他工作經驗上所累積的意見及想法。

Column

聚焦片段 2
與下屬分享自己的失敗經驗

有些人老是將自己的成功經驗掛在嘴邊，例如「我曾經完成〇〇工作」，或是「在這種時候，只要這麼做就會成功」等。但事實上，過去的失敗才是上司應該與下屬分享的工作經驗。

就算是現在已經成為上司的人，過去一定也經歷過數不清的失敗。但對於接受指導的下屬來說，總會認為眼前的上司天生就是可以完美達成目標的人。這是因為他們對於上司過去歷經失敗的成長過程，毫無所悉。

因此，身為上司，請各位多多與下屬分享你過去的失敗經驗，例如「我也曾犯過這種錯誤」、「我過去還是新人的時候，也不知道這要怎麼做」、「以前我試過用這種方法，但完全行不通」等，而不是成功的經驗談。

透過這種方法，可以讓下屬或晚輩產生共鳴，知道「原來上司以前也跟我一樣」。如此一來，他就更容易接受你的指導和指示。

Chapter

2

怎麼教？

Story 2 外籍工讀生 艾爾

唉……
艾爾明明就不懂，為什麼還要說「知道了」呢？
你自己不是也一樣嗎？每次只要講到業績，你總是回答「我知道了」。
呃！
這個……
因為「我不知道該怎麼做」這句話，實在很難說出口嘛。
是這樣嗎？
其實，我自己也不清楚自己到底知不知道……
那就糟糕了。
可以拜託你可靠一點嗎？
對不起……
……
艾爾的心情應該也跟我一樣吧！

這星期的業績總算有點起色了。
沒錯！
這一次的新品要好好推喔，架上的陳列也要每天重新調整才行！
我知道了！
這沒什麼好高興的吧，離目標還差得遠呢！
退縮縮縮縮…
沒、沒、沒錯。
…你，真的知道嗎？
嚇
知…知道。
到底知不知道啦？
真是敗給你了！

對方到底瞭不瞭解接收到的指令，
有沒有什麼方法可以確認呢？
這個嘛……
可以請對方「複誦一遍」，
或是「寫報告」，
或是假設「成功和失敗模式」，
總共有這三種方法。
以「複誦一遍」來說，
可以用之前提到的「檢查清單」來進行。
待客應對檢查清單
日期：
員工：
主管：
照著清單上的項目，一一做確認就行了，
對吧？

「寫報告」一樣可以利用檢查清單。
報告
寫出四項以上就算合格！
將對方所寫的報告，對照清單項目，「只要五項應記重點中，有寫出四項，就算合格」。
至於假設「成功和失敗模式」，
就是「請下屬說明，學到的方法要如何運用在自己的工作上」。
特地說明嗎？
沒錯。以一般情況來說，
光靠所學無法應對所有的問題。
真正面對工作時，必須根據對方及當時的情況臨機應變，改變方法去做才行。
……

所以，我要跟下屬確認，他會怎麼做？
沒錯。
這時很重要的是，必須把焦點放在「成功的重點」和「失敗的重點」上。
我懂了。
關於外籍員工，還有一點必須注意。
是什麼？
就是不要太依賴語言。
可是，總覺得不說清楚的話，對方不會知道我的意思。
對很多外國人來說，他們都覺得日語是一種意思表達不清不楚、相當曖昧的語言。
是喔。

尤其是對那種憑感覺就能做好事情的優秀員工，更要特別留意。
為什麼？
因為對這類員工下指令時，就容易變得不清不楚。
不要過度依賴語言，
而是應該確實下達「行為」指令，這才是重點。
例如，你不能只對員工說「要真心誠意」。
要真心誠意地將東西交給客人。
不清不楚的指令
而是要具體告訴他們「一定要用雙手將商品交給客人」。
一定要用雙手將商品交給客人。
具體的指令
我懂了！

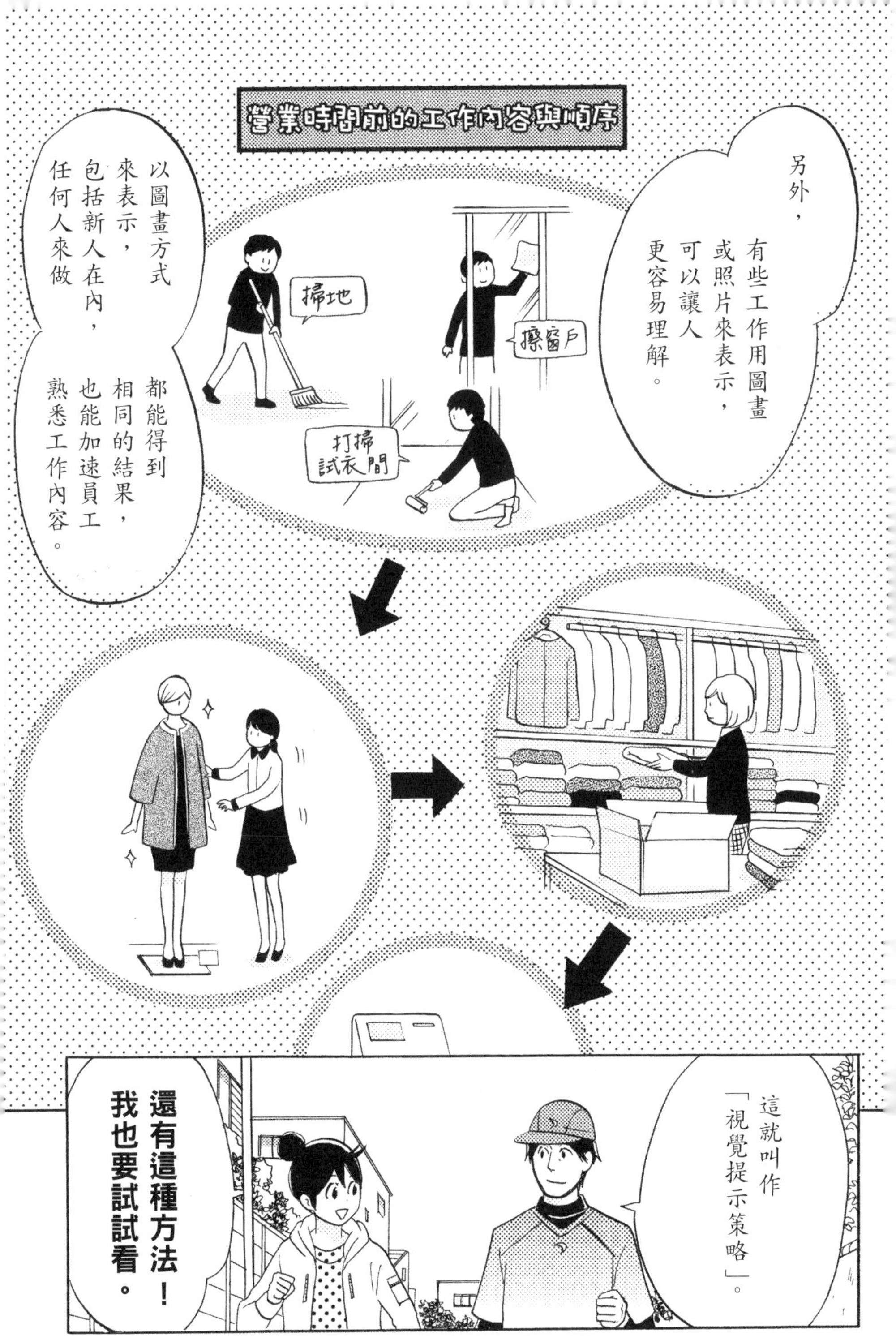
營業時間前的工作內容與順序
另外，有些工作用圖畫或照片來表示，可以讓人更容易理解。
以圖畫方式來表示，包括新人在內，任何人來做都能得到相同的結果，也能加速員工熟悉工作內容。
掃地
擦窗戶
打掃試衣間
這就叫作「視覺提示策略」。
還有這種方法！我也要試試看。

啦啦啦啦♪
你的心情不錯嘛。
對啊，我照店長教我的方法，做起事來順利多了。
說到這個，她最近好像一直在進行個別面談。
艾爾，
突然冒出
我想跟你討論下週的業績目標，你現在有空嗎？
好啊！
我可以一起聽嗎？
是可以啦……
可是你的工作都做完了，不必趕著離開嗎？
沒關係啦！

首先，我先向你們說明，該怎麼做才能達成目標。
喔！
好！
我已經先根據「具體性法則」，也就是「MORS法則」，想清楚要怎麼說了！
啵！
你們過去應該都認為要這麼做才能達成目標吧？
・提高業績
・增進對商品的瞭解
・提升團隊力
沒錯！
那麼，你們認為針對這幾點，具體來說應該要怎麼做呢？
努力工作！
驚
我就知道…
可是到底要怎麼努力，的確讓人摸不著頭緒，對吧？

這時，我們就可以換個說法！
・每天向
寫
寫
・每天向十位客人介紹促銷商品。
・每天牢記三項商品的資料。
・每天開始營業前，所有員工一起精神喊話。
噹
啷
哇啊！
這樣我好像就懂了！
這就是MORS法則的成果！
太強了！
厲害厲害
這樣的話，大家就知道該怎麼努力工作了！

店長，你好聰明喔！
呵呵
我只是把大師教的拿來現學現賣而已。
所以，關於下週的業績目標，就拜託你們要向五十位客人推銷新品！
什、什、什麼！
50人…
喀噠
這、這也太難了吧！
嗚嗚嗚…
絕對沒問題的，這個目標對你來說，只要努力就能達到。
你可以先從每天設定一個「短期目標」（小目標）試試看。
店長…
我知道了，我會努力試試看的！
艾爾都要挑戰五十個人了，那我就挑戰一百個人！
等著看吧～
燃燒
鬥志

您覺得這一款如何？
員工休息室
好像很順利喔！
而且我已經達到今天的目標了！
達到每天的目標，讓人超有成就感的！
就是啊！只要照現在這樣每天達成短期目標，這星期的目標一下子就能達到了。
艾爾又被稱讚了。
反正我也沒有特別想被稱讚。
算了，算了。

Naturel
艾爾再差一點就能達到本週目標了，可是⋯⋯
現在店裡幾乎沒什麼客人了。
空蕩蕩
差不多該打烊了。
噹啷
歡迎光臨！
爸！媽！
我們來看你做得順不順利。
什麼！
是指努力工作嗎？
哎呀，你就是店長吧？是艾爾的上司，對吧？
是、是的。
我一直受到艾爾的幫忙，謝謝您！

這孩子很難教吧？
不、不，沒這回事。
媽—
他呀，從小就是個不聽話的孩子。
肯定給你添麻煩了吧？
才沒有呢！艾爾工作時很認真的！
他對客人很有禮貌，客人也都很喜歡他。
呵呵呵
呿！
真的嗎？
我在世界各地也有很多員工，光是指導他們就花了不少心力。
你是不是有什麼指導員工的祕訣？
這，這個嘛……

舉例來說，對員工下指令時，最多只要給三個具體行為就好。
原來如此……
員工如果一次接收到太多指令，根本無法消化。
可是，如果該要求的事情有很多項，該怎麼辦呢？
所以，上司就要替員工決定工作的「劣後順序」，而不是優先順序。
不必做的工作清單
1
2
3
4
在需要員工做到的工作或行為中，挑出兩、三個最重要的項目，其餘的沒做到也沒關係。
這種作法真有膽識！
太厲害了！

為了幫你達成目標，
我替你做了一份
「不必做的工作清單」，
讓你可以專注在
真正應該做的事情上。
艾爾
不必做的工作清單
好的。
這就是她
當初的用意吧。
好了、好了，
工作的事
就說到這裡。
既然都來了，
就買點東西吧！
說得對，店裡有
什麼推薦的嗎？
那麼，
這些是我們
這一季的新品！
使用輕盈
的質料，
穿起來
很舒服喔！
哇啊！

看來艾爾在這裡有認真工作，這樣我們就放心了。
有你當他的上司，真是太好了。
這孩子以後也請你多多指教了。
沒問題！
感謝您的光臨！
店長，
真的很謝謝你！我爸媽現在都很放心了。
你的努力終於有回報了！
而且因為你剛剛向他們推銷店裡的新品，現在你已經達到這星期的業績目標了！
真的嗎？
我真是太愛這家店了！
好高興！
我很期待你接下來的表現喔！
包在我身上！
開心

Chapter 2-1

別把員工說的「我知道了！」當真

》每一次指導後，就當場確認員工是否瞭解

在漫畫中，工讀生艾爾和凜對於上司詢問「瞭解了嗎？」時，都會反射性地直接回答：「我知道了。」

各位在職場上是否也曾遇過這種情形呢？

員工若是真的瞭解上司的意思，自然沒有問題。但事實上，很多時候真正的狀況是：

- 員工根本不瞭解上司的意思，卻說不出「我不懂您的意思」。
- 員工以為自己瞭解，其實完全誤解了上司的意思。

• 員工自己也不清楚自己是否瞭解上司的意思。

身為上司，無論再怎麼努力指導下屬，只要下屬沒有真正理解你的意思，所有的指導和教育都算是失敗。

因此，在每一次指導下屬時，最好要養成當場確認清楚下屬「是否真的理解」、「是否真的學會了」的習慣。確認的方法有很多，以下我所介紹的三種方法，各位可以依據指導內容挑選適當的方法來使用。

1 請下屬複誦一遍指導的內容

這是最簡單的方法，可以確認下屬對於你所指導的「知識」內容，瞭解到什麼程度。**在指導之前，你可以先告訴對方：「結束之後，我會請你複誦一遍，所以請你聽仔細了。」這樣對方就會更專心地聆聽你的指導。**

如果是「技術」方面的內容，只要請對方依照你教的方法實際操作一遍，就能知道他是否理解。

無論是「知識」或「技術」，要知道對方「理解多少」，最好的判斷標準就是chap 1-2中介紹的檢查清單。**可以事先在特別重要的項目做記號，只要下屬有「複誦」**

或「實際操作」到這些項目，就算合格。倘若漏掉了，就針對這些重要項目再指導一次。

2 要求下屬寫報告

要求下屬在接受指導後寫下「我從指導中所知道或學會的事」。

這個方法雖然比複誦來得花時間和精力，但可以讓下屬深入思考指導內容，上司也能從報告中公正評斷自己的指導方法是否恰當。因此，**對於下屬所完成的報告，一定要確實仔細審視。**

建議各位可以從檢查清單中，先挑出五項對方一定要知道的內容，並以此設定合格標準，「只要報告中寫到其中四項，就算合格」。

3 請下屬思考成功與失敗的模式

第三種方法不只可以確認下屬「是否真的瞭解所學內容」，也可以幫助他將所學活用在工作上。這種方法其實意外地簡單，只要請下屬說明「如何將所學的內容活用在自己的工作上」就可以了。「知道」和「會做」（懂得將所學活用在工作上）

完全不同，各位一定都有過「明明知道該怎麼做，實際上卻怎麼都做不好」的經驗。這時，就可以利用這種方法來進行訓練。

這種方法的實行重點，在於不能只是含糊、籠統地要下屬說明「如何將所學活用在自己的工作上」，而是應該要求他將焦點放在「成功模式」和「失敗模式」上。

例如：「如果要你把今天所學的內容活用在你的工作上，你覺得應該怎麼做才會成功？」或「怎麼做時，可能會遭遇失敗？」

針對這兩種情況，請下屬說明個別的重點及原因。比起什麼都不做，這種把「成功模式」和「不能做的事」轉換成明確語言表達出來的過程，將能協助下屬更順利地從「知道」進一步提升到「會做」的階段。

對方到底瞭不瞭解接收到的指令，
有沒有什麼方法可以確認呢？
這個嘛……
可以請對方「複誦一遍」，
或是「寫報告」，
或是假設「成功和失敗模式」，
總共有這三種方法。

Chapter 2-2

以具體的行為來指導下屬

指令或指導也必須是「具體的行為」

在凜工作的服飾店裡，一直都有以下這幾個目標口號。

「提高業績」、「增進對商品的瞭解」、「提升團隊力」。

雖然大家都知道這些口號，但店裡的業績和目標達成率卻遲遲不見起色。

這都是因為這些口號太過抽象了，大家根本不知道具體來說該怎麼做，當然就沒有努力的意願。

具體告訴下屬該怎麼做才能達到目標，也是領導者的工作之一。

在具體以語言表達行為時，請各位務必要參考「MORS法則」（具體性法則），這是在行為分析學中用來定義「行為」的一種方法。

ＭＯＲＳ法則包含以下四個條件：

- **Measured：可測量的（＝可數據化）**
- **Observable：可觀察的（＝任何人看到之後，都知道該怎麼做。）**
- **Reliable：可信賴的（＝無論誰看到，都知道是同一個行為。）**
- **Specific：明確的（＝非常清楚該怎麼做）**

如果不符合以上四個條件，就不算是「行為」。

接下來，讓我們用這個法則來重新檢視上述的目標。

- **提高業績。**
- **增進對商品的瞭解。**
- **提升團隊力。**

雖然這幾項在乍看之下是「行為」，卻完全不符合ＭＯＲＳ法則四個條件的任何一項，所以這些都不能稱作「行為」。

因此，凜才會根據MORS法則，改用另一種說法來表示這些目標。

- 提高業績↓每天向十位客人介紹促銷商品。
- 增進對商品的瞭解↓每天牢記三項商品的資料。
- 提升團隊力↓每天開始營業前，所有員工一起精神喊話。

用這種方法具體列出為了達成目標而應該做的行為，那麼員工是否一一做到，也會變得一目瞭然。假使有人沒做到，也可以很清楚地知道該針對哪一點加強指導。

或者，如果員工做到這些行為，卻沒有達到預期的成果，也可以做出具體的檢討結果，例如：「可能要增加次數」或「再多做〇〇或許有用」等。

就連平時對下屬的指令或指導，也必須思考：「自己是否有用具體行為來表達？」例如：

「將商品交給客人時，要更有禮貌！」

「上次說的那個企劃案，趕快盡早交！」

具體傳達應該做的事

「將商品交給客人時，要更有禮貌！」

↓

MORS 法則

↓

用雙手將商品交到客人手中，
並送客人到店門口！

「企劃案趕快盡早交！」

↓

MORS 法則

↓

請在明天早上 11 點之前，
以電子郵件寄給我。

以這種方式具體指示下屬該怎麼做，
就能避免雙方認知不同而產生誤解！

這兩個指令在乍看之下似乎是「應該做的行為」，但如果對照「MORS法則」，就會發現它們完全不符合「行為」應該具備的四個條件。

在「更有禮貌地將商品交到客人手上」這句話中，「更有禮貌地」是不清不楚的說法，下屬就算聽了也不知道究竟該怎麼做。

「企劃案趕快盡早交」中的「趕快盡早」，同樣說得曖昧不明。就算上司本來的意思是「明天早上之前交」，但下屬卻可能擅自理解成「這個星期內交就可以了」。

以91頁的圖表為例，只要改用數字等明確的方式來具體表達，無論是誰來做，都能做到同樣的行為。

這樣的表達方式，任何人看到都會知道這個行為是「有禮貌地將商品交給客人」，因此不僅可以藉此確實審視下屬有沒有做到，客人也能感受到「有禮貌的」服務。

》善用圖畫和照片

一般上司在對下屬做指示或指導時，大多會以口頭方式進行。但事實上，根據指導的內容不同，有時候改以圖畫或照片等視覺方式來表達，下屬會更容易理解。

在這種時候，可以參考使用「視覺提示策略」。這是「結構化教學法」（Treatment and Education of Autistic and Communication handicapped Children，簡稱TEACCH）中使用的一種學習方法。「結構化教學法」是一九六〇年代，美國北卡羅萊納州立大學主導整理出來的一套教學系統，主要是用來治療並教育自閉症及溝通相關障礙的孩子。

自閉症及亞斯伯格症候群的孩子，通常都擁有異於常人的視覺學習能力，因此面對這類型的孩子，只要將他每天要做的事的流程，或梳洗穿衣的順序等，以圖畫方式表示，就能幫助他理解，協助他確實做到。

視覺提示策略也廣泛活用在職場上，尤其在美國，許多工廠和商家的**員工都來**

自不同語言的國家，因此以圖畫等視覺方式來表示工作流程的情況，愈來愈常見。

同樣地，凜在得知這種方法後也馬上採用，將店裡在營業時間前應該完成的工作內容和順序，以圖畫方式做成海報，張貼在員工休息室中。

藉由這種方法，任何人都能毫無遺漏地完成所有工作，對於外籍員工艾爾來說，也比較容易理解。

雖然這種方法在剛開始時，需要花費一點製作時間，但往後可以直接用來指導新進員工，也不會再為了員工老是忘東忘西或做錯事而生氣了。

營業時間前的工作內容與順序
另外，有些工作用圖畫或照片來表示，可以讓人更容易理解。
以圖畫方式來表示，包括新人在內，任何人來做
都能得到相同的結果，也能加速員工熟悉工作內容。
擦窗戶
掃地
打掃試衣間

Chapter 2-3

大目標的達成技巧

以短期目標（小目標）累積成功體驗

在這一節的內容裡，我將針對凜要求艾爾必須達到的小目標——短期目標做補充說明。

除了工作上的目標業績之外，像是「攀登三千公尺以上的高山」、「為馬拉松比賽做體力訓練」、「讀完十二本外國原文小說」等，**若想確實達成這類型規模較大或長期的目標，非常建議大家善用設定短期目標（小目標）的作法。**

以訓練跑馬拉松的體力來說，短期目標可以設定為「每星期多跑兩公里，慢慢增加一星期的慢跑總距離；閱讀長篇原文小說的短期目標可以是「以週間每天四頁，週末每天八頁的速度來閱讀」。

設定短期目標的最大用意，在於體驗成就感。即使是很小的目標，只要達成了，就會產生「成就感」。這樣的成功體驗，會進一步成為繼續努力的動力。

而且，一次又一次達到短期目標，也會讓自己離大目標（最終目標）愈來愈近。

設定短期目標的用意只是為了「體驗成就感」，因此很重要的一點是，難度不能太高。就像漫畫中凜為艾爾設定的短期目標一樣，「稍微努力就能達成」的難易度是最理想的。

在設定短期目標時，上司可以在與下屬共同討論後再做決定。設定目標後，上司也要定期檢視下屬是否確實達成。如果有達成，就要給予肯定，這才是最有效的方式。

短期目標最好要以明確的數字來表示，方便下屬具體瞭解「該怎麼做」，上司也能以此明確判斷下屬是否達成。

短期目標與行為之間的關係

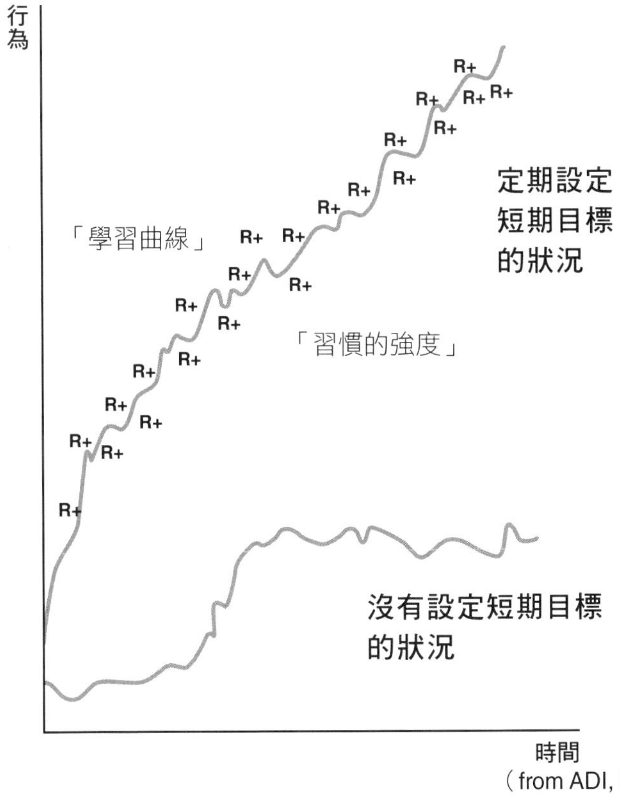

（from ADI, 2005）

達成短期目標
會成為繼續努力的動力

Chapter 2-4

不要一次教太多

指令或指導一次最多三項

所有優秀的領導者都有一個共通點，那就是「對下屬下指令或指導時，絕對不會貪心」。

這是因為人沒辦法一次接收太多訊息。

每一次傳達時，最多以三個「具體行為」為限。

這是我一直以來的作法。以漫畫中凜的狀況來說，最多就是要求員工「這星期如果有老顧客上門，一定要將特賣會的傳單交給對方」、「還要告訴客人，新品也包括在這一次的特賣商品中」、「另外在收銀櫃檯和試衣間裡，都要貼上特賣會的傳單」

等三個行為。若超過三項以上，除非是記憶力特別好的人，否則都不太可能記得住。

製作不必做的工作清單

對下屬傳達事情時，多數人都會以優先順序來決定工作的先後順序。但我認為這時最重要的，應該是決定「劣後順序」。

將手邊所有工作針對重要和緊急程度做比較，從最需要做的開始依序排列，這就是所謂的優先順序。相反地，在眾多工作中先挑出「不必做的事」，把它直接剔除在待辦事項外，就是劣後順序的作法。

你可以事先告訴下屬：

「這是你應該達成的目標，所以請你做這些事。至於其他跟達成目標沒有關係的事，不做也沒關係。」

如果希望下屬能確實完成工作，上司千萬不能太貪心，盡量將指令控制在三個行為以內。這一點請各位務必試試看。

決定工作的劣後順序

你可以事先替下屬或晚輩製作類似的
「不必做的工作清單」

「不必做的工作清單」範例

- [ ] 內場工作（盤點庫存、補貨等）
- [ ] 把架上的整齊衣服重新摺好
- [ ] 製作手寫海報
- [ ]
- [ ]
- [ ]
- [ ]

指導外籍員工的技巧

所下的指令必須是具體「行為」

我經常聽到在日本工作的外籍人士表示：「日本人説話的意思都不清不楚，很多時候我根本不知道他到底要我做什麼。」若要避免這種狀況，其作法就是在對外籍員工下指令時，要把重點放在「具體行為」上。只要多留意做到這一點，就算外語能力不好，指令或指導的效果也一定會明顯改善許多。

我真是太愛這家店了！
好高興！♥
我很期待你接下來的表現喔！
開心
包在我身上！

Column

聚焦片段 3
每週與下屬個別面談一次

在漫畫中，凜開始在員工之間實踐的作法，是每個人每週一次約十五分鐘的小型面談。

她的作法是，「先替下屬設定短期目標，下屬也能完全接受」→「在隔週的面談中，確認下屬在一週內完成到哪個階段」→「雙方一起討論，共同決定下一週的短期目標」。反覆利用這種方法，協助艾爾達成最後目標。

身為上司，總是有繁忙的工作纏身，實在很難每天一一觀察所有員工的工作情況，並給予指導。但對於成功培育下屬來說，很重要的一點是必須在適當的時機，「針對下屬所完成的工作，給予肯定和稱讚」。

為了做到這一點，不妨定期找時間與下屬進行個別面談，就算時間很短也沒關係。

如果打算「等到有時間」再與下屬做個別面談，將永遠找不到時間來進行。所以，建議最好事先明確地將時間固定下來，例如「與 A 下屬的面談是每週三的早上十點，時間約十分鐘」等。

Chapter 3

稱讚
可以使人成長

Story 3 新進工讀生 小森茉莉
……
看起來不一樣了。
你是說我的頭髮嗎？
嚇
最近太忙了，一直沒時間去剪。
呵呵呵
我說的是業績！
暴怒
啊，你說那個啊？
對、對啊！
是的。
距離業績目標只差一步了。
這會不會是因為…
我把目標設得太低了？
呃?!

不，不是因為這樣的！
這是大家一起努力的成果啊！
嗯嗯嗯嗯
我不放心。
喀噠
咦？
我先回總公司重新計算一遍！
慌張
慌張
等、等等啊！
真是的
碰！
偶爾也要肯定一下別人的努力嘛。
…
…說得也對。
受到肯定，
受到稱讚，
人就會變得更努力，
會持續進步。

啾
啾
你的店最近好像順利多了。
這全多虧了大師的指教。
不過，我們店裡的工讀生和派遣員工比較多，
實在很難讓這些人覺得自己的工作有意義。
讓當事人感覺到「自己的必要性」，也很重要喔。
你可以試著向對方說明工作的全貌以及他所扮演的角色。
嗯…
另外，也要以簡單明瞭的方式，向對方說明他和其他員工之間的關係，還有整體工作的最終目標是什麼。
是喔。

如果交付給對方的工作目標，挑戰性比較高，更需要充分溝通。
在這種時候，與其跟對方分享生活話題，不如多留意他的行為和工作狀況，適時給予關心。
我懂了。
我會試著持續鼓勵，讓他們覺得自己的工作有意義。
加油！
Naturel
唉…
垂頭喪氣…
小森，你怎麼了？
店長，我、我又失敗了…。
我在向客人介紹衣服的質料時，說得不清不楚的。
對不起…
這樣啊…

關於介紹商品，的確應該好好努力練習，直到面對客人時可以清楚說明為止。
不過，現在客人比較少，可以麻煩你幫忙把架上的衣服重新摺好，陳列整齊嗎？這部分你很擅長，對吧？
！！
好，沒問題。
迅速
俐落
嗯！你做得很好喔！
OK
謝謝店長！
…

你對小森太好了吧？
做好那點小事，是應該的吧？
對她那種年輕人來說，讓她累積成功體驗，也很重要喔。
成功體驗
是嗎？
舉例來說，一個不喜歡念書的小五學生去補習班，
我討厭念書～
嗯嗯嗯……
你覺得一位優秀的老師會怎麼做？
這個嘛……
強迫他坐下來念書，直到他學會為止？
這樣只會讓他更討厭念書吧。
我不要！
聽說如果是優秀的老師，就會先拿四年級或低年級的測驗來讓孩子寫。
你是說，刻意用低年級的測驗來考他？

用這種作法，一般孩子幾乎都能拿到接近滿分的分數。
只要像這樣子，持續讓他做可以拿到滿分程度的測驗，
這麼一來，他就會產生「只要肯做就做得到」的自信。
拿滿分
成功體驗
就能讓他累積「拿滿分」的成功體驗。
你是說，小森的狀況也是一樣嗎？
沒錯。
成功體驗
小森才剛來我們店裡沒多久，
所以重要的是，一開始先讓她累積多一點成就感，
之後再慢慢給她難度較高的挑戰。
成功體驗
原來如此。

打烊後。
Naturel
糸數小姐？
喀噠
恭喜你！
你終於達到業績目標了！做得很好嘛！
謝謝你！
跟以前比起來，你的員工最近好像也變得比較有精神了，
你到底做了什麼？
就是持續肯定和稱讚他們的工作表現啊！
稱讚？
對啊！因為我希望他們可以更進步，
所以，不只是最後的成果，
包括他們的工作狀況及行為，我都會給予肯定和稱讚。

可是，工作最重要的，不就是最後的成果嗎？
但成果也是人創造出來的啊！
……
回想一下小時候的狀況。
如果你爸媽完全只看重考試分數，你一定會覺得很討厭吧？
垂頭喪氣
難道你也想成為這樣的父母嗎？
這麼說也沒錯啦……
這一點對大人也是一樣。
上司或前輩的肯定，就是下屬或晚輩努力投入工作的動力。
你做得很好耶！
照這樣做就對了！

有這麼誇張嗎？
一點也不誇張！
你想想看，
如果想要增加做某個「行為」的頻率，「結果」是什麼就很重要了，對吧？
什麼意思？
舉例來說，「吃甜點」的行為，
可以馬上獲得「美味又有幸福感」的結果。
吃甜點的行為
美味又有幸福感的結果
好好吃喔！
所以大家才會不自覺地一直吃、一直吃。
原來如此。
可是，「運動」這個行為，
無法馬上換來「變瘦」的結果。
運動的行為
舉啞鈴
變瘦的結果
變胖了…
所以，減肥行為就很難持之以恆。

面對工作時，也是一樣。
一個行為只做一次，並不會馬上得到希望的結果。
最重要的是，要持續做出同樣的行為。
所以，與其持續要求成果，不如給予獎勵比較有效。
獎勵？指的就是稱讚嗎？
沒錯。☆
話是這麼說，但到底有什麼好稱讚的？
啊、啊！
說到這個，系數小姐，你很不會稱讚別人，對吧？
驚
嘿嘿

其實，稱讚時，並不需要對對方的個性或特質做誇大的讚美。
只是針對他的「行為」去稱讚就好了。
「行為」嗎？
就算不瞭解對方或他的心情，但針對他做的事，給予正面肯定、好好稱讚，這一點應該每個人都做得到。
這麼說也沒錯。
明明只要這麼做就可以了，但以前的我也不懂得這個道理，
只會一直對員工生氣。
你也是嗎？

罵完之後，對解決問題還是一點幫助也沒有。
但就是忍不住……
可是，有些時候，訓斥也是必要的吧？
當然！不過要分清楚，「生氣」和「訓斥」是完全不同的兩回事。
「生氣」是一種情緒發洩，
你這傢伙！
怒吼!!!
生氣
請不要再犯了！
嚴肅
訓斥
但「訓斥」是要求對方調整錯誤的行為。
沒錯、沒錯，為了矯正員工的錯誤行為，訓斥是必要的！
但在訓斥時也有技巧喔！
…
什、什麼？
訓斥的技巧……？
這個嘛，首先，絕對不能針對對方的人格或個性做批評。

你就是太懶惰了，所以業績才會不好！
是這樣嗎？
我好像常這麼做…
只能針對對方應該做卻沒有做的事，或是做了不該做的行為來批評，這樣才行。
對，說得沒錯！
訓斥之後，給予建議也很重要喔。
說的也是，討好對方也很重要呢！
不是吧？只有討好對方，並不算是建議吧？
不是嗎？
自掘
墳墓

舉例來說，員工每次開會時都遲到。
你每次開會時都遲到五分鐘！
我知道…
這時候，就要先訓斥對方…「你每次都遲到五分鐘，以後請不要再犯了。」
對，就是這樣。
接下來，你可以幫對方想辦法，例如：「你可以先設定好手機鬧鐘，在開會前十分鐘提醒自己。」
アラーム
這也是一種建議。
啊，沒錯，就是這樣。
另外，比起稱讚和訓斥的內容，「說的人」也很重要。
「說的人」？

如果稱讚自己的人，是平時就對自己正確評價的人，當然會很高興。
但如果對方是自己討厭的人，就算被他稱讚，也不會感到高興，對吧。
對耶。
所以，自己必須先成為一個值得他人尊敬的上司或前輩。
要以此為目標來努力才行！
……
驚！
那、那道耀眼的光芒……
她以前只是個有幹勁卻什麼都不懂的人，現在居然像個優秀的「上司」！
呃，糸數小姐……
啊啊！我也不能輸她！
身為上司，
我還有得學了…

？
什麼事？
你也稱讚一下我嘛！
對你來說，我也是下屬啊。
!!
怎、怎麼突然說到這個！你突然這麼說，我…
語無倫次
哈！
我開玩笑的啦！
你今天已經稱讚過我了。
有嗎？
你剛剛不是誇我「做得很好」嗎？
……
呃，是啊。
糸數小姐果然是個優秀的上司。

這件衣服，真的可以用洗衣機洗嗎？
你介紹得真清楚，那這一件也麻煩幫我包起來。♪
好的，謝謝您。
レースシャツ 2000円
那麼，我現在就幫您結帳。
麻煩你了。
真不敢相信，以前來工作時，就像是在打發時間而已。
原來，認真投入工作中，
是這麼開心的一件事。
好了。
謝謝您的惠顧！

Chapter 3-1

要協助下屬成長時，應該做的事

以下屬能確實達成的考驗，來累積他的成功體驗

據說，近來有愈來愈多年輕人對自己沒有自信，認為自己的能力不夠好。在這種想法的背後肯定有許多原因，我認為其中之一，應該就是這些人「在過去的人生中，幾乎沒有太多成功體驗」。

這類型的人並非完全沒有成功經驗，但問題是，他們很少有機會可以切身感受「拚命努力→成功→受到肯定→開心」的過程。原因之一，恐怕就是完全避免孩子之間有任何競爭或排名的「寬鬆教育」所導致。對寬鬆教育世代以前的

小森才剛來我們店裡沒多久，
所以重要的是，一開始先讓她累積多一點成就感，
成功體驗
之後再慢慢給她難度較高的挑戰。
原來如此。

孩子來說，為了想贏過他人而咬緊牙關地持續努力，最後獲得「小小的成功體驗」，這種機會無論是在運動會等活動中，或只是下課時間和同學一起玩，生活中隨時都有可能遇到。

漫畫中的新進工讀生小森，在工作上總是沒來由地對自己毫無信心。面對這樣的情形，身為店長的凜，指派她能確實完成的工作給她，而且當她完成時，還好好肯定了她一番。在新人教育的最初階段，像這樣持續給予成就感，可以讓接受教育的新人產生非常大的信心，相信「只要肯努力，一定做得到」。

有了自信之後，就能慢慢提高他的工作挑戰了。

》解決的關鍵——「ABC模式」

在Chapter1中，凜清楚知道了身為上司的自己應該給予下屬什麼樣的指導；在Chapter2中，她慢慢學會了指導下屬時應該注意的重點。因此，最後她終於成功達到宇留川店的業績目標。

事實上，這個達成目標的結果，其中還有個非常重要的過程。

那就是將下屬從「知道、會做」的階段，提升到「實際在工作上可以持續做到」的層面。接下來，就讓我們針對這點來一一瞭解。

身為上司，教導下屬是為了「讓他知道該怎麼做事」。但事實上，光是「教」工作內容還不夠，因為「瞭解知識、做得到」和「將所學的知識與方法，持續地實際活用在日常工作中」，兩者大不相同。舉例來說，大家都知道「每天進行適當的運動，對健康很重要」的道理，也都做得到上下樓梯、健走、伸展等「適當的運動」。換言之，大家都擁有「知識」和「技術」，但事實上卻很難持續做到。

教下屬學會「知識」和「技術」固然很重要，但除此之外，協助他真正將「知識」和「技術」持續實踐在工作上，也是不可或缺的重點。只有做到這一點，上司才算是真正完成了「教」的任務。

關於人究竟為什麼會持續反覆做出某個「行為」，**這一點可以用人類行為原理的「ABC模式」（ABC model）概念來清楚說明**。ABC模式主要包括三個要素：

A 先決條件（Antecedent）——採取行為之前的情況。

B 行為（Behavior）——行為、發言、舉止。

↓

C 結果（Consequence）——採取行為之後，情況立即產生了變化。

A（先決條件）、B（行為）、C（結果）三者之間有著明確的因果關係。如果在先決條件（A）下做出行為（B），最後可以得到期望的結果（C），而由於C會影響到A，因此會讓人再做出同樣的行為（B）。也就是說，如果行為可以得到好的結果（C），就會促使人持續反覆做出該行為（B）。相反地，如果得到的不是想要的結果（C），人就會停止做出該行為（B）。接著，我們來看具體的例子。

例1

A 先決條件「書桌太暗」

↓

B 行為「打開檯燈」

↓

C 結果「桌面變亮了」

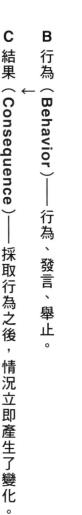

例2

A 先決條件「有人帶伴手禮來請你吃」
↑
B 行為「吃了一個」
↑
C 結果1「很好吃」
結果2「不喜歡它的味道」

在例子1中，由於打開檯燈之後，桌面就會立刻變亮，因此日後只要覺得書桌太暗，就會二話不說地打開檯燈。在例子2中，如果吃了東西之後覺得「很好吃」，當對方請你再多吃一個時，你很可能會再吃一個。但如果一開始就覺得「不喜歡它的味道」，應該就不會再吃第二個了。以此類推，**如果做了某個行為之後，可以馬上得到「期望的結果」，人就會持續做出相同的行為。**

基於這個原則，如果你希望下屬持續做出某個行為，與其大聲激勵他提起幹勁，不如善用ABC模式的因果關係，效果會來得更好。

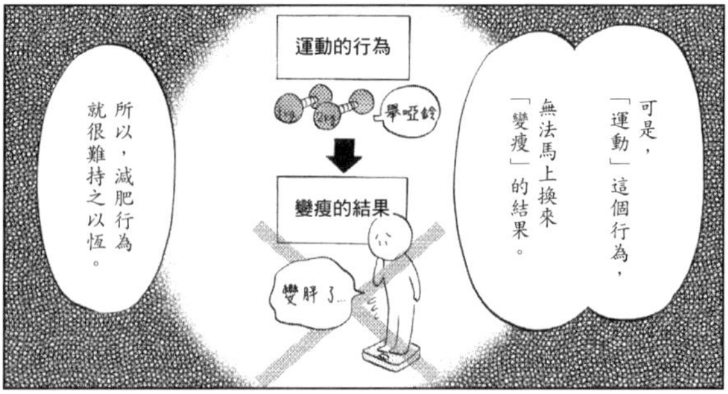

Chapter 3-2

正確的「稱讚」，有助於下屬的成長和業績

≫稱讚「行為」一點也不難

在上一節提到，如果「打開檯燈」的行為可以馬上換來「期望的結果」，人就會持續做出「開燈」的行為。

那麼，如果換成是「為了瘦小腹而做仰臥起坐」的「行為」呢？每天持續做仰臥起坐，小腹當然會變瘦。但即使知道這個道理，還是很難持續做到。其中的原因同樣可以用ABC模式來說明，**那就是因為做出「行為」之後，無法立即獲得「期望的結果」**。

一口氣做五十下仰臥起坐，小腹當然不可能馬上變瘦，反而只會換來腹肌痠痛、很難受等，一點都不希望得到的結果。

工作也是一樣，雖然知道「持續同樣的行為就一定可以提升業績」，但因為無法立即獲得「好的結果」，所以無法持續同樣的行為。

因此，以行為科學管理的角度來說，會在「行為」發生之後，直接給予「期望的結果」，也就是「獎勵」。

舉例來說，如果每次做五十下仰臥起坐都能獲得獎勵，就很有可能為了得到獎勵而持續做仰臥起坐的「行為」。

像這樣**針對某個「行為」給予「獎勵」，在行為科學的領域中稱為「強化」。很多實驗都已經證實了，「強化」可以增加「行為」發生的頻率。**

在職場上，最有效的「獎勵」（強化）**就是「被上司稱讚」或「受到上司的肯定」。**

當下屬做出「你所期望的行為」時，就要馬上稱讚、肯定他做得很好，如此一來，行為受到肯定的下屬，為了再次獲得稱讚，就會繼續做出同樣的行為。稱讚有助於人才培育，這一點從科學角度來說同樣很合理。

不過，經常有人會說：「我不太會讚美別人。」就像漫畫中的區域經理糸數小姐一樣。

尤其是五十歲以上的人，他們過去無論是在家庭、學校或職場中，可能都沒有太多「被稱讚」的經驗。

大家常說：「人會依照自己受教育的方式，去教育下

面對工作時，也是一樣。
一個行為只做一次，並不會馬上得到希望的結果。
最重要的是，要持續做出同樣的行為。
所以，與其持續要求成果，不如給予獎勵比較有效。
獎勵？指的就是稱讚嗎？

一代」。同樣地，企業的主管階級在培育下屬時，也很容易複製自己當初所受的培育方式，因為那是自己知道的唯一方法。因此，理所當然地，在缺乏稱讚的環境下養成的人，一旦當上主管，自然也不會稱讚下屬。

不過，我所謂的「稱讚下屬」，其實做起來一點都不難。因為**這麼做的目的是，針對下屬「做出你所期望的行為」時，給予「稱讚」的獎勵，好讓他持續做出同樣的行為。**

換言之，要稱讚的是「行為」。不是讚美下屬的特質、個性或外表等，而是針對他的「行為」給予肯定就好了，一點也不難。

「稱讚」的獎勵，會成為促使「你所期望的行為」不斷發生的動力。

相反地，「對於不受肯定的行為，人絕對不會再做」。

Chapter 3-3

「訓斥」的技巧

不可以針對對方的人格或個性

在指導及培育下屬時，當然會遇到必須訓斥的情況。

在這種時候，千萬不可以斥責對方的人格或個性，例如：「你為什麼做事總是慢吞吞的」、「你就是這種個性，商品才會賣不出去」等。在訓斥下屬時，無論如何一定要將焦點放在對方的「行為」上，例如：

- 沒有做到該做的行為。
- 做了不該做的行為。

請務必將訓斥的重點鎖定在這些「行為」上。

除此之外，訓斥之後，也要將改變行為的建議告訴對方。「建議」與「討好」

不一樣，是為了讓對方改變方向，做出你所期望的行為，所以必須是具體的說明，有時甚至是給予具體的改變方法或想法。當然，一定要避免情緒性的生氣。

》「誰來稱讚（訓斥）」也很重要

接下來，就像漫畫中的凜所說，「誰來稱讚」、「誰來訓斥」也很重要。

如果是平常能公正給予評價的上司來稱讚自己，下屬會更積極地工作。就算被這樣的上司訓斥，下屬也會瞭解「上司是為我好」，而更能夠坦然且正面地接受。

稱讚下屬時，不需要顧慮太多，只要平時多留意他的工作狀況，當他做出「你所期望的行為」時，簡單明瞭地讓他知道你很肯定他的行為就行了（或者也可以加上肢體語言來表達你的肯定，例如：拍拍對方的肩膀、看著他的眼睛用力點頭等）。

「指導工讀生和派遣員工的技巧」

讓對方覺得自己的工作「有意義」

明確向對方說明工作的全貌，以及他所扮演的角色，藉此讓他強烈感受到「自己的重要性」。

溝通內容以「行為（工作狀況）」為主

交付給對方的工作，如果挑戰性較高，就需要充分溝通。但不需要討論到對方的私生活領域。

「指導新進員工的技巧」

讓對方有機會累積「達到目標」的成功體驗

在教育新進員工時，本書所提到的所有重點都必須做到才行，尤其是面對工作狀況尚不如預期的員工，不妨交付一些他能做到的工作，讓他累積「達到目標」的成功體驗。

這一點對大人也是一樣。
上司或前輩的肯定，就是下屬或晚輩努力投入工作的動力。
你做得很好耶！
照這樣做就對了！

Column

聚焦片段 4
「成果主義」的缺點

很多上司管理下屬的方法，就像漫畫中的區域經理糸數小姐一樣，只重視「成果」，也就是所謂的「成果主義」。這類型的人很容易只憑「成果」來考核員工的工作表現。

這種方法的最大問題，在於「只有做出成果的人才會受到肯定」。
據說，大多數的組織都是由兩成的「菁英」和八成的「庸才」所組成。如果真是如此，那麼可以獲得上司肯定的，就只有交出優秀成績單的「兩成員工」而已。
剩餘的「八成員工」就算做到上司「期望的行為」，但只要最後沒有達到目標，就無法獲得肯定。

工作的所有「結果」，都來自於「行為」的累積。因此，最重要的是，如何讓這剩餘的「八成員工」持續做出「你所期望的行為」。在這種時候，就要針對員工的行為做評價，千萬不要只重視最後的成果。

Chapter 4

讓下屬
維持正確的行為

Story 4 宇留川店業績榮登區域之冠
這樣真的好嗎？讓你破費請客……
喧嘩
這是一定要的。
吵鬧
25'73
你教了我這麼多，我的店也因為你而變得更好了。
但我卻一直沒有好好謝謝你……
我只是給你一些提點而已。
才不是呢！如果沒有大師的指導，我自己和店裡都不可能變得像現在這樣。
再說，我之前慢跑時，就發現這家餐廳了。
一直很想來吃吃看，剛好藉這個機會來吃。
好了，別說了。你喜歡吃什麼，盡量點。
既然這樣……
那我就不客氣了

哇！好好吃喔！
這家店不錯耶。擺盤也很漂亮，
在這種地方開心地享受美食，會讓人提高工作動機呢。
說到動機…
很多人都以為動機就是「幹勁」的意思。
咦！不是這樣嗎？
不是的。動機原本是指「念頭、給予念頭，或自動自發」的意思。
動機
・念頭
・給予念頭
・自動自發
原來如此。

就這層原始意義來說，提高員工的工作動機最有效的方法是，
具體告訴員工「工作的意義」，或是「完成工作後能得到的好處」。
這一點真的很重要，否則實在很難要求員工持續做到期望的行為。
員工之所以無法持續，並不在於有沒有「幹勁」。這一點，你應該已經知道了吧？
無法持續的原因
幹勁
我知道，是因為做出行為之後，無法立即得到期望的結果！
沒錯。
就算向客人介紹商品，客人也不一定會全部接受。
既然如此，我今後要更積極地肯定和稱讚員工的行為。
你真用心。

會影響到成果的是行為，
所以在指導後，當晚輩或下屬做出「可以確實創造成果的行為」時，
可以確實創造成果的行為
你做得很好!!
謝謝!
就要馬上好好稱讚他。
我知道了。
另外，如果想讓「強化行為」的作用更加確實，
有個方法是利用「測量」。
量尺
測量?
就是「計算」的意思。
計算對方做出行為的次數。
啊!我懂了。
不過，要檢視員工對於指示的行為做到什麼程度，好像不太可能。

在這種時候，你可以要求員工把行為先記錄在筆記本上，最後再向你口頭報告就行了。
啊，這樣應該行得通！
這麼說來，我以前也曾經要求員工這麼做過。
建議你可以利用圖表來記錄，這樣就能清楚看出努力的過程。
顧客意見調查表寄出數量
寄出調查表的數量
員工A 員工B 員工C 員工D 員工E 員工F 員工G
另外，在測量時，很重要的一點是，只要挑出對期望的結果有直接影響的「行為」來計算，就可以了。
Pick up!
行為
期望的結果
不重要的行為，就算數再多次，也毫無意義。

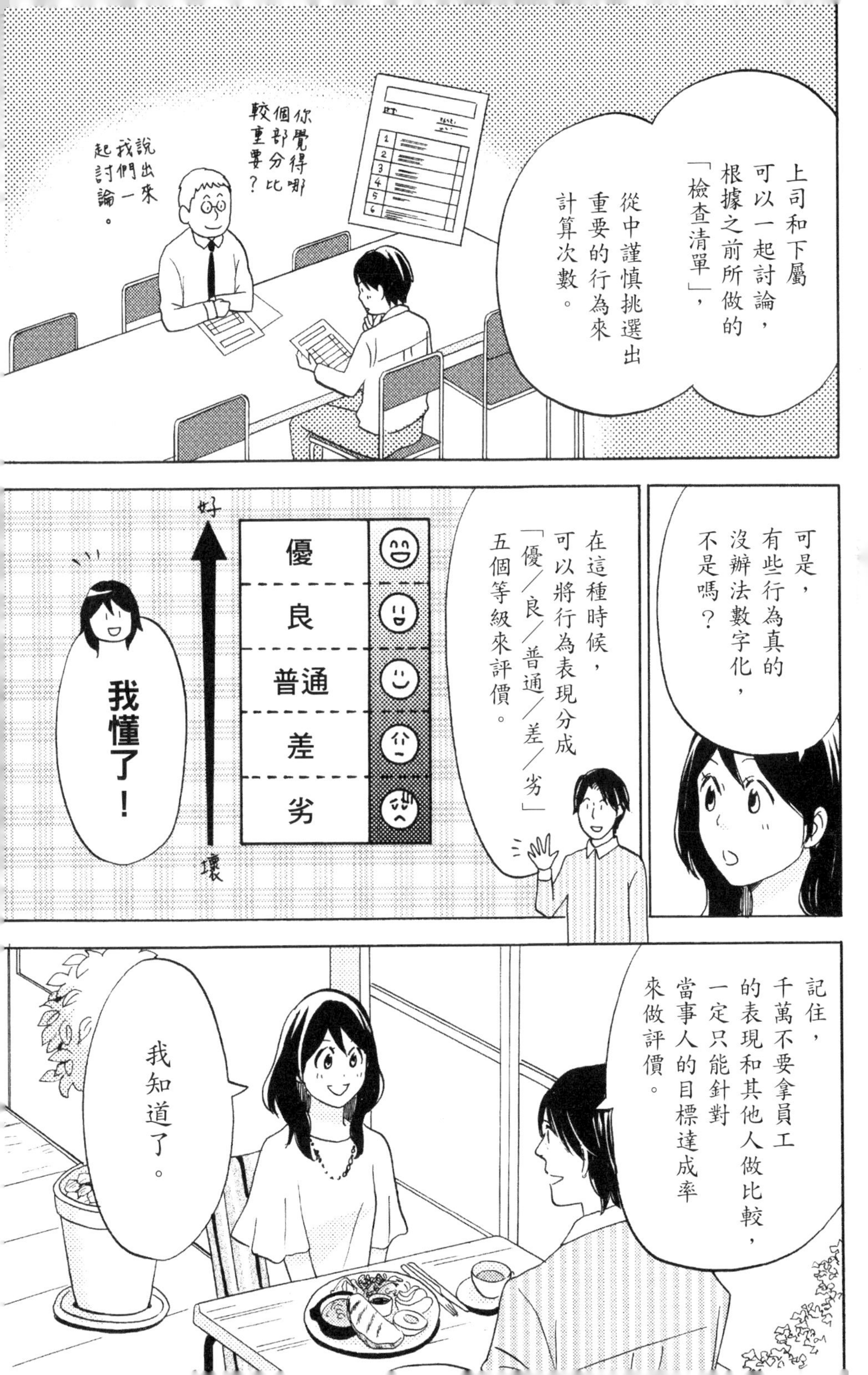

上司和下屬可以一起討論，根據之前所做的「檢查清單」，從中謹慎挑選出重要的行為來計算次數。
你覺得哪個部分比較重要？
說出來我們一起討論。
可是，有些行為真的沒辦法數字化，不是嗎？
在這種時候，可以將行為表現分成「優／良／普通／差／劣」五個等級來評價。
好
優
良
普通
差
劣
壞
我懂了！
記住，千萬不要拿員工的表現和其他人做比較，一定只能針對當事人的目標達成率來做評價。
我知道了。

Naturel
謝謝您的惠顧。
我下次會再來喔
很好、很好。
你今天的接待做得很好喔！
是、是嗎？
就繼續保持這樣吧！
知道了…
太好了！
心聲
除此之外，
我每週固定會找一次機會，檢視員工的行為，並做出回饋。

員工休息室
那麼，本週就針對這個部分努力試試看吧！
做得到嗎？
嗯！！
包在我身上！
至於小森，目前你的工作進行得很順利，要不要稍微提高目標，挑戰看看呢？
好啊。
話說回來，店長，你也很辛苦。
不過，這些本來就是我的責任。
你都已經那麼忙了，每週還要跟大家開會。
呵呵呵
我是很忙沒錯…
而且我也做得很開心，因為感覺是和大家一起朝著目標努力。

雖然要做的事堆積如山…
密密麻麻
咦！
破爛…
店長一定也在暗中自己默默地拚命努力著。
店長，有什麼我能做的事，請你一定要告訴我喔！
謝謝你！下週就是特賣會了，要好好準備喔！
好！
Naturel
噠
噠
差不多快到跟神吉碰面的地方了。
咻！！

噠
！
神吉！
你還好嗎？
大師？
神吉
喔ー伊
喔ー伊
喔ー伊
喔ー伊

真不好意思，還麻煩你陪我一起到醫院。
301
神吉
不會啦。對方好像是開車不專心，所以才會撞到你。
不過，還好只是全身擦傷而已。
只要住院檢查一下，馬上就能出院了，應該也能繼續回去工作。
你在說什麼！你不暫時靜養一陣子，怎麼行！
可是，下週就是特賣會了…
你知道什麼叫「提示」和「撤除」嗎？
這是行為分析學中經常用到的兩個詞。
「提示」指的是給予輔助，好讓某個行為更容易發生。

而「撤除」指的就是取消輔助。
兒童腳踏車上的輔助輪，就是一種提示作用。
提示
搖搖
晃晃
撤除
將輔助輪拆下來，就是撤除的行為。
我懂了。
腳踏車的輔助輪，
本來是為了協助孩子學習「沒有輔助輪也會騎車」而暫時裝上去的配備。
對啊。
不過，在職場上，
卻有很多上司一直讓下屬騎著裝有輔助輪的腳踏車。
……
啊……

開會時總是緊跟在旁，
瞪
……
簡報資料的企劃和構成，也是由上司主導。
直接介入
我也一起幫你想這個企劃好了!!
什麼—
如果只是一般的建議或若無其事的協助，倒還無所謂。
對新進員工來說，提示當然有必要，
但如果一直沒有撤除，員工根本不會成長或獨立。
你的意思是，我也必須做到撤除嗎？
沒錯。
喀噠！
店長！

呼！呼！
啊，乙葉?!
呼！
我聽店裡的人說，你發生車禍了。
呼！
沒有生命危險啦，只是輕傷而已。
蛤！
這、這個男的是誰！
他是我的老師。
眼神犀利……
瞪
他教了我很多跟工作有關的事。
是嗎？
別說這個了。
我有事要拜託你。
咦？什麼事？

我不在的這段時間，店裡的事就拜託你了。
……
Naturel

什麼！
SALE
SALE
SALE
SALE
貼標籤
SALE
MAX 70%
SALE
NATUREL
稍微往右邊一點。
絡繹不絕
SALE
SA
SALE
SALE
下一位請進。

這一次的特賣會，
宇留川店的業績是全區第一!!
哇啊！
太好了！
耶
雖然店長因車禍受傷，無法坐鎮在店裡，但大家真的都非常努力。
謝謝大家！
我害大家這麼辛苦，對不起！
鞠躬
啪啪啪啪
真的！
不過，最後的結果竟然這麼棒，
身為店長，我真的不知道該說什麼。

感覺……好像這家店沒有我也沒關係……
沒自信
我反而成了扯後腿的人……
…
才不是咧！
NO～
就是因為有你，還有你的指導，
你在亂說什麼…
才有今天的我。
就是說啊。
店長，接下來才正要開始努力呢！
連你也這麼說…
真的…
謝謝你們大家！

Chapter 4-1

用數字化讓行為繼續發生

計算「行為」的次數，以便對員工做出正確的評價

在Chapter 3中提到，當下屬做出「你所期望的行為」時給予稱讚，可以讓對方繼續做出同樣的行為。

接下來在這一節裡，我要說明「測量」的方法。簡單來說，就是「計算行為發生的次數」。

例如，如果對某些部門的業務員來說，「拜訪名單上的公司」是「直接影響成果的行為」，那麼只要每拜訪一家公司，無論最後的結果如何，行為次數就是「1」。

在行為科學中，非常重視「測量」。

主要原因有兩個，一是**測量可以使人對下屬的「評價更加確實」**。

若要協助下屬持續做出「你期望他做到的、可以創造成果的行為」，那麼針對該行為做出「稱讚／評價」就變得十分重要。受到上司的「稱讚／評價」，對下屬來說是一種強化（獎勵）作用，會促使他繼續做出「你期望他做到的、可以創造成果的行為」。

因此，透過直接用語言來稱讚下屬，或是微笑拍拍他的肩膀等態度來表示，讓他知道你肯定他的行為，效果會非常好。

在這種時候，「測量」就能幫助你更確實地做到正確「評價」。

》數字化可以幫助判斷出真正的「你所期望的行為」

所有工作成果（結果）都來自於行為的累積。換句話說，有工作成果的人所做的行為，通常都是可以創造成果的行為。

前文曾提到，可以仔細觀察及分析成果優異的員工之行為，從中找出「你期望下屬做到的、可以創造成果的行為」，並教導其他員工持續做到這個「你所期望的行為」。

但讓人擔憂的是，根據優秀員工的行為挑選出來的「你期望下屬做到的、可以創造成果的行為」，真的有效嗎？這時，「測量」就能派上用場。這就是行為科學之所以重視「測量」的第二個原因。

舉例來說，如果目標是提高業績，「增加〇〇行為之後，是不是真的就能提高業績？」、「如果是，提高的幅度有多少？」、「或者幾乎沒有影響？」、「不僅沒有幫助，反而還讓業績變得更差了？」等。如果沒有經過數字化，就無法正確判斷這些問題的答案。

「測量」，也就是數字化，可以讓人客觀、理性地做出判斷，而不是光憑「繼續這麼做下去，應該沒問題吧？」或「感覺應該行得通」等直覺或印象來判定。

就算萬一業績反而變差了，也能根據測量的結果來採取「下一步」的應對措施。

由此看來，測量也可以成為解決問題的一大利器。

行為無法持續，並不是因為沒有幹勁

假設有個業務員被交付的目標是「一天必須拜訪十位新客戶」，但他回到公司卻對你說：「雖然我有很強烈的工作動機，但我今天只拜訪到三位新客戶。」

這時，身為上司的你，會不會正面肯定這個業務員，稱讚他「既然你有動機，那就做得很好」呢？想必不會，因為真正的重點應該是「拜訪新客戶」的行為做到什麼程度。

如果下屬在上週最多一天拜訪了六位新客戶，而今天拜訪了八位，就是一大進步，值得好好肯定一番。

只要像這樣確實瞭解行為的次數，就能在正確的時間點，以正確的方式做出評價。

計算對方做出行為的次數。
就是「計算」的意思。
啊！我懂了。

然而，問題在於「動機」這個說法。無論是在商業界或體育界，就連現在的孩子，也經常理所當然地把「動機」掛在嘴邊。但他們所謂的「動機」，都只是和「幹勁」一樣的意思，並不是這個詞原本所具有的「念頭、給予念頭或自動自發」的涵意。像是「我有動機（幹勁），可是我沒辦法去拜訪客戶」的說法，其實非常奇怪，因為不管當事人的說法是什麼，拜訪件數變少，就清楚表示了其實他愈來愈沒「幹勁」。

因此，請不要再以動機或幹勁這種模稜兩可的說法來評價下屬，應該要根據行為的次數來確實評價才對。

如果想提高下屬真正的「動機」（＝給予動機或主動性），作法可以像漫畫中一樣，向下屬「說明工作的意義」，或是「清楚地讓下屬知道完成工作後可以獲得什麼獎勵」等。

以 chap 3-1 中提到的「ＡＢＣ模式」來說，就是給予強化以改變「Ａ」（先決條件）。

Chapter 4-2

將數字清楚圖表化

如何計算行為次數？

基本上，「測量」就是計算行為實際發生的次數。

以凜工作的服飾店來說，如果要求員工做到「把特賣會的傳單拿給老顧客」，這時要記錄的就是員工發出傳單的次數；如果期望員工做到「寄感謝函給第一次消費的顧客」，就要針對感謝函寄出的張數來記錄。

身為店長的凜，根本不可能從店裡開始營業到打烊休息為止，完全靠自己來計算這些行為的次數，因此，比較實際的方法是，要求每個員工自己記錄，最後再統整起來向凜報告。

如同漫畫中凜所提出的疑問，計算行為次數的問題，在於有時候行為本身是由一連串的細微行為複雜交錯地連續構成。

舉例來說，在「Naturel」這樣的店家，「結帳之後將商品妥善交給客人」的行為，其實包含了「兩手拿著商品，送客人到門口」、「左手托著紙袋底部、右手提著提把，將紙袋交給客人的同時說『感謝您的惠顧』」、「向客人行三十度鞠躬禮，維持五秒不動」等「一連串的連續行為」。在這種情況下，根本無法單純地「計算行為次數」。

面對這種無法計算次數的行為時，方法是事先決定判斷基準，再根據基準來做判斷。只要將判斷基準分為「優」、「良」、「普通」、「差」、「劣」等五個等級，最中間的等級正好就是不好不壞，以這

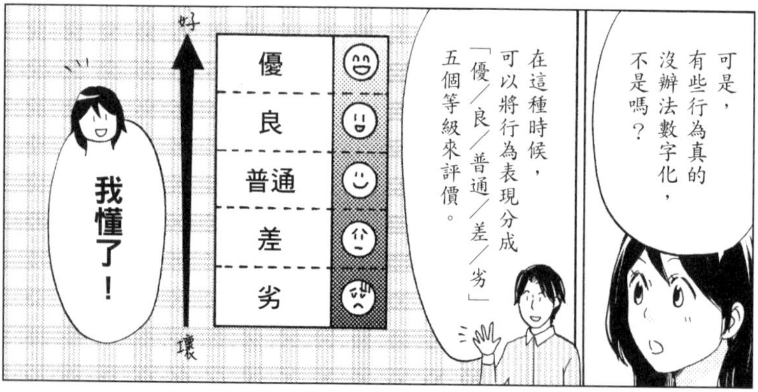
可是，有些行為真的沒辦法數字化，不是嗎？
在這種時候，可以將行為表現分成「優／良／普通／差／劣」五個等級來評價。
好
優
良
普通
差
劣
壞
我懂了！

樣的基準來評價，會容易許多。

以包含了六個步驟的「行為」來說，「優＝六個步驟都做到」，「良＝做到四或五個步驟」，「普通＝做到三個步驟」，以此類推。一定要事先決定好判斷基準，接下來才能依據基準，來客觀判斷下屬在工作上的進步狀況。

》數據圖表化是非常有用的回饋

測量出行為次數之後，接下來要做的就是給予回饋，要用對方能夠清楚明瞭的方式，讓他知道自己比以前進步了多少。

話說回來，為什麼一定要對下屬做出回饋？

假設你現在正在打保齡球，如果一局打完之前，你完全都不知道自己的分數，不僅遊戲會變得一點都不刺激，你也完全不知道自己接下來該採取什麼戰略。

同樣地，在下屬邁向成功的道路上，上司也必須經常給予回饋。

回饋可以表現在語言或態度上，但最簡單有效的方法，就是將數據圖表化。

將測量到的行為次數做成圖表，並不需要任何特殊技巧，對於不擅用語言或態度來表示的人來說，反而可以輕鬆做到。

把圖表貼在牆上，讓所有下屬隨時都能看到，這對行為次數不斷增加的人來說，有極大的激勵作用。對次數沒有增加的人而言，也會因此警惕自己必須多加努力。

看到這裡，相信各位應該都已經知道了。圖表化的對象，並不是「成果」。要改變結果（成果），唯一的方法是改變會導致結果發生的行為。

使用計算次數並圖表化來表達回饋，目的是希望增加「你期望下屬做到的、可以創造成果的行為」發生的次數，因此計算次數並圖表化的對象，也必須是這些「你期望下屬做到的、可以創造成果的行為」才行。

≫ 為員工拆掉輔助輪

接下來，針對凜和大師在病房中討論到的「提示」（prompt）和「撤除」（fading）稍做補充。

「提示」指的是提供輔助，使正確的行為可以發生。

腳踏車的輔助輪，或是游泳時所使用的浮板，就是為了正確學會騎腳踏車和游泳而存在的一種提示（輔助）。

另一方面，「撤除」指的是逐漸取消提示，讓人最後可以在沒有提示的情況下，做出正確的行為。

兒童腳踏車之所以要加裝輔助輪，目的當然不是為了讓小孩變得更會騎有輔助輪的腳踏車，而是為了學會騎沒有輔助輪的腳踏車。

不少上司聽到這種例子，都會大笑「這不是廢話嗎」，但是在職場上，他們卻一直讓自己的下屬騎著有輔助輪的車子。

很多人會特別對新進員工提供各種提示，卻忽略了要做到撤除。

如果是在下屬剛接觸工作的階段，身為上司，在各種場合中若無其事地給予協助，這倒不成問題。

不過，這麼做只是為了讓下屬學會自己做到正確的行為，因此，總有一天，一定要撤除這些協助才行。

兒童腳踏車上的輔助輪，就是一種提示作用。
提示
搖搖
晃晃
將輔助輪拆下來，就是撤除的行為。
撤除

「指導年長下屬的技巧」

拋開「上司和下屬＝上下關係」的觀念

上司和下屬之間，只是「帶領團隊、發號指令的人」與「在第一現場創造成果的人」等角色上的差異而已。

交付的工作範圍和份量不宜過多

因為年紀較大卻還在他人手下工作的人，可能多少能力都不太好，或是不懂得善用時間。

將對方視為人生的前輩給予尊敬

這一點就不必我多加說明了吧，這是理所當然的事。

Column

聚焦片段 5
不要拿下屬互相比較

「〇〇已經可以游二十五公尺了，為什麼你還做不到？」「你快一點！ 其他人早就已經做完了。」

各位在小時候遇到這種被拿來和其他人做比較的情況，是不是也會覺得討厭呢？

在職場上也是一樣，有些主管會刻意讓下屬之間互相競爭，或是把員工拿來做比較。在評價下屬時，可以拿來做比較的，應該僅限於「設定的目標與最後的達成率」，或是「當事人過去和現在的表現」。

假設將所有員工的測量結果做排名，前一、二名是優勝者，剩下的全都是輸家。

然而，如果評價的對象是個人達成率（目標與最後成績的比較）或成長率（過去與現在表現的比較），很可能多數員工都是「優勝者」。

如果想培育下屬，應該以創造優勝者的管理為目標，而不是製造輸家的管理。

尾　聲

5

「教的技術」是最有效的管理方法

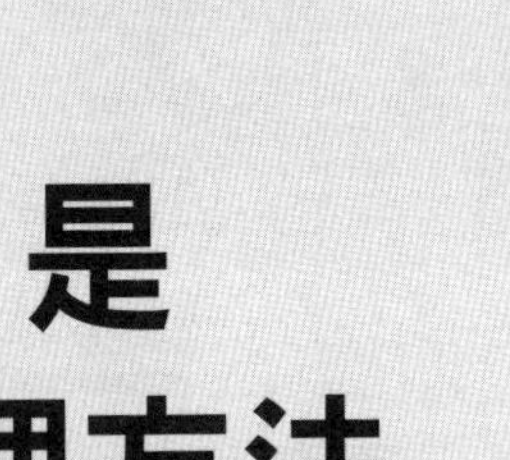

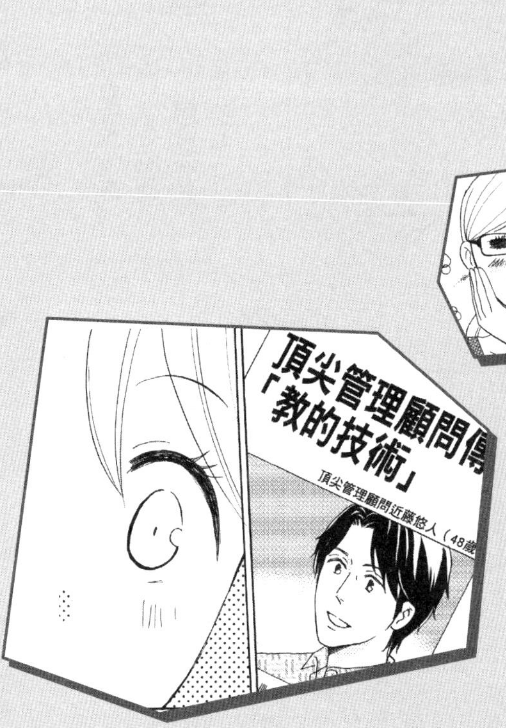

Story 5 我已經學會「教的技術」了！
噠
身體完全康復後，
我又恢復慢跑的習慣。
不過，
我再也沒有在以往相遇的轉角遇見大師了。
今天也沒看到人！
不知道他最近怎麼了？
之前受到他那麼多的照顧，
但我居然對他毫不瞭解。
Natu

宇留川店業績
很好！今天的業績也很漂亮！
……
最近的業績一直都維持區域第一，
看來你和這家店是真的有實力。
啊……
謝謝你的誇獎！
我第一次受到肯定！
太誇張了吧……
爲、爲了獎勵你，我請你吃飯好了。要不要一起去喝一杯？
好。

啊！
好好喝喔！♡
不是說要獎勵我嗎？
結果自己先喝開了…
再來一杯好了。
…
其實，
我最近注意到一個男生…
男生？
不是感情方面啦，是公事！
就是這個人…
拿出
啪
他好像一直在全世界到處跑，
沙
現在，他正在南極挑戰「南極鐵人三項」，完全聯絡不上他。
咦！

頂尖管理顧問傳授「教的技術」
頂尖管理顧問近藤悠人（48歲）
特輯
當今最受矚目的
行為管理學
大、大師！
喀
噠
大師？
…
你認識他嗎？
原來他是
管理顧問…

今後請大家多多指教！
啪
啪
啪
Naturel
大家以後也要多多協助新人喔！
沒問題！
好！
喔！
接下來，我帶你去熟悉每天的工作流程。
好！
首先是營業之前的準備順序……
大概就是這些。
營業前的工作內容與順序
掃地
擦窗戶
打掃試衣間
哇啊！

用圖畫來表示，一下子就看懂了。
很清楚吧！
培育人（下屬或晚輩）真的不簡單。
接著，我帶你去看看那邊——
不過，我已經不會再為此煩惱了。
因為，我已經學會「無論是誰在何時何地」進行，都能獲得相同結果的最高技巧，
那就是——「教的技術」。
Naturel

結語

漫畫中的凜因為學會了「教的技術」並確實實踐，使得店裡的每個員工都有了成長。伴隨而來的，是分店業績擺脫「全區最差」的惡名，後來甚至持續蟬聯區域之冠。

從此之後，無論是員工有異動，或是新進員工遲遲無法熟悉工作，甚至是自己被調到其他分店，凜都能確實做好店長的工作，不斷培育出優秀的下屬。

因為現在的她，已經確實學會「無論是誰在何時何地」進行，都能見效的「教的技術」。

各位一定也要學會「教的技術」，只要學會這套技術，最終你一定能像凜一樣，體會到「培育人才是一件快樂的事」。

參考資料

《行為分析學入門》（行動分析学入門），杉山尚子、島宗理、佐藤方哉、理察・梅樂（Richard W. Malott）、瑪麗安・梅樂（Maria E. Malott）著，產業圖書出版。
《績效管理——解決問題的行為分析學》（パフォーマンス・マネジメント——問題解決のための行動分析学），島宗理著，米田出版。
《令人滿意的銷售員會做的 6 大習慣》（「ありがとう」といわれる販売員がしている6つの習慣），柴田昌孝著，同文館出版。

好評不斷熱賣中！

日本行為科學第一人石田淳

讓你帶人、帶團隊一次搞定！

帶人帶得好，
工作就輕鬆！

不懂帶人，
你就自己做到死！

行為科學教你
把身邊的腦殘變幹才

定價：300元

帶好團隊，
你就是個傑出的領導者！

不懂帶團隊，
那就大家一起死！

行為科學教你
把豬一般的隊友變菁英

定價：300元

行為科學帶人、帶團隊聖經，
全台熱銷超過35萬冊！

漫畫圖解 ・ 不懂帶人，你就自己做到死！

マンガでよくわかる 教える技術

作　　者——石田淳
譯　　者——賴郁婷
封面設計——呂德芬
內文排版——劉好音
特約編輯——洪禎璐
責任編輯——劉文駿
行銷業務——王綬晨、邱紹溢、劉文雅
行銷企劃——黃羿潔
副總編輯——張海靜
總 編 輯——王思迅
發 行 人——蘇拾平
出　　版——如果出版
發　　行——大雁出版基地
地　　址—— 231030 新北市新店區北新路三段 207-3 號 5 樓
電　　話——（02）8913-1005
傳　　真——（02）8913-1056
讀者傳真服務 —（02）8913-1056
讀者服務信箱 一 E-mail andbooks@andbooks.com.tw
劃撥帳號 19983379
戶　　名 大雁文化事業股份有限公司
出版日期 2022 年 12 月 再版
定　　價 300 元
ISBN 978-626-7045-72-5

國家圖書館出版品預行編目資料

漫畫圖解 ・ 不懂帶人，你就自己做到死！/
石田淳著；賴郁婷譯 . – 再版 . – 臺北市：
如果出版：大雁出版基地發行 , 2022. 12
面；公分
譯自：マンガでよくわかる 教える技術
ISBN 978-626-7045-72-5（平裝）

1. 人事管理 2. 企業領導 3. 漫畫

494.3　　111018364

如果